规范图解系列

U0193117

《城市居住区规划设计标准》图解

齐慧峰　王林申　朱铎　赵静　张军民　编著

机械工业出版社

国家标准《城市居住区规划设计标准》（GB 50180—2018）是使用普及率最高的城市规划标准之一，旨在保障城市居住区规划设计质量，规范城市居住区的规划、建设与管理。本书将《城市居住区规划设计标准》以图示、表格等形式形象地表达出来，使条文内容通俗易懂。按照《城市居住区规划设计标准》的章目与条文顺序编排，逐条展开详细图解，方便读者直观、全面地理解专业内容。本书是学习《城市居住区规划设计标准》的工具书和参考书，力求满足规划设计、规划管理、规划教学等多种需求。

　　本书适合从事城乡规划设计与管理的人员阅读，可供建筑管理与设计的技术人员、房地产开发从业者参考，也可作为城乡规划、建筑类、房地产类大专院校学生的常备学习资料。

图书在版编目（CIP）数据

《城市居住区规划设计标准》图解 /齐慧峰等编著. —北京：机械工业出版社，2021.10（2023.11重印）

（规范图解系列）

ISBN 978-7-111-69040-5

Ⅰ.①城…　Ⅱ.①齐…　Ⅲ.①居住区—城市规划—设计标准—中国—图解　Ⅳ.①TU984.12-62

中国版本图书馆CIP数据核字（2021）第175836号

机械工业出版社（北京市百万庄大街22号　邮政编码100037）

策划编辑：宋晓磊　责任编辑：宋晓磊

责任校对：王　欣　封面设计：鞠　杨

责任印制：郜　敏

北京富资园科技发展有限公司印刷

2023年11月第1版第2次印刷

260mm×184mm·9印张·220千字

标准书号：ISBN 978-7-111-69040-5

定价：45.00元

电话服务　　　　　　　　　　网络服务

客服电话：010-88361066　　机　工　官　网：www.cmpbook.com

　　　　　010-88379833　　机　工　官　博：weibo.com/cmp1952

　　　　　010-68326294　　金　书　网：www.golden-book.com

封底无防伪标均为盗版　　机工教育服务网：www.cmpedu.com

前　言

改革开放以来，我国在居住区与住宅建设方面取得了巨大成就。国家标准《城市居住区规划设计规范》（GB 50180—1993）（以下简称《规范》）于 1994 年颁布实施，为规范居住区的规划建设发挥了巨大的作用。为适应城镇化进程、人民生活水平的提高，对 1993 年版《规范》进行局部修订，先后形成了 2002 年版与 2016 年版。1993 年版《规范》主体内容使用十多年后，已经不能完全适应现阶段城市居住区规划建设管理工作的需要。根据住房和城乡建设部《关于印发〈2015 年工程建设标准规范制订、修订计划〉的通知》（建标〔2014〕189 号）的要求，1993 年版《规范》修订启动。2016 年中共中央国务院发布《关于进一步加强城市规划建设管理工作的若干意见》，为居住区发展指明方向与要求。2018 年，《城市居住区规划设计标准》（GB 50180—2018）发布并实施。

为了更好地理解与执行《城市居住区规划设计标准》（GB 50180—2018），我们组织了相关专家编写了这本《城市居住区规划设计标准》图解。本书按照《城市居住区规划设计标准》章目编写，逐条图解标准的条文。

本书编写中，参考并引用了相关公开出版物、专业期刊、规划设计案例等资料内容，以及《城市居住区规划设计标准》编制组的宣传贯彻资料，特此表示衷心感谢。感谢参加图解绘制工作的山东建筑大学的王天然、王钰童、张志豪、李晴、王彤彤同学，山东工艺美术学院的魏志成同学，济南大学的许蓉、杨鹏森、宋思雨、林良鑫、林之曦同学。

特别感谢山东建筑大学建筑城规学院张军民教授的指导与帮助，以及山东建筑大学经纬城市规划研究中心的大力支持。

受编者水平所限，对规范的理解、图解的绘制难免存在不足之处，恳请同行专家及读者指正。

目　录

1 总则

目的和意义

1.0.1 为确保居住生活环境宜居适度，科学合理、经济有效地利用土地和空间，保障城市居住区规划设计质量，规范城市居住区的规划、建设与管理，制定本标准。

注释

国家标准《城市居住区规划设计规范》（GB 50180—1993）（以下简称《规范》）是我国颁布实施得最早、也是使用普及率最高的城市规划标准之一。目前，我国经济社会发展呈现巨大变化：政府职能转变，住房体制改革；城市人口剧增，大城市交通拥堵、公共服务设施供需不平衡、人口老龄化等城市问题凸显；居住区开发模式、建设类型与建设模式更加多元化、建筑设计与生活需求更加多样化（图 1-1）。《规范》已不能完全适应现阶段居住区规划建设管理工作的需要，面临挑战。为贯彻落实党和国家新时代的发展理念和发展要求，对《规范》进行修订。

本规范的修订，坚持以人民为中心、绿色发展的目标，提高《规范》的政策性、导向性、科学性和可操作性，保障居民的居住生活环境符合中央城镇化工作会议提出的"按照促进生产空间集约高效、生活空间宜居适度、生态空间山清水秀的总体要求，形成生产、生活、生态空间的合理结构"要求（图 1-2）。科学合理、经济有效地使用土地和空间，规范城市居住区规划、建设与管理行为，促进城市居住区持续健康发展（图 1-3）。

图 1-1　修订背景

01 落实党和国家新时代的发展理念和发展要求
02 以人民为中心、绿色发展
03 提高《规范》的政策性、导向性、科学性和可操作性
04 落实中央城镇化工作会议提出的"按照促进生产空间集约高效、生活空间宜居适度、生态空间山清水秀的总体要求，形成生产、生活、生态空间的合理结构"要求

图 1-2　修订目的

确保居住生活环境宜居适度
保障城市居住区规划设计质量
科学合理、经济有效地利用土地和空间
规范城市居住区的规划、建设与管理

图 1-3　修订意义

适用范围及基本原则

1.0.2 本标准适用于城市规划的编制以及城市居住区的规划设计。

注释

　　本标准是城市总体规划选择居住用地、控制开发强度、预测居住人口规模、配套基础设施和公共设施，合理布局居住生活空间的依据；是控制性详细规划确定城市居住区建筑容量和人口规模，配置各项配套设施及公共绿地，有效管控居住用地建设的依据；是城市居住区规划设计（包括修建性详细规划以及住宅建设项目规划与设计）合理组织建筑空间、道路交通，设置配套设施，设计绿地等公共空间，保障居民生活环境安全、宜居的依据（图1-4）。

　　国土空间规划体系建立后，主体功能区规划、土地利用规划、城乡规划等空间规划融合为统一的国土空间规划，实现"多规合一"。国土空间规划对一定区域国土空间开发保护在空间和时间上作出安排，包括总体规划、详细规划和相关专项规划。

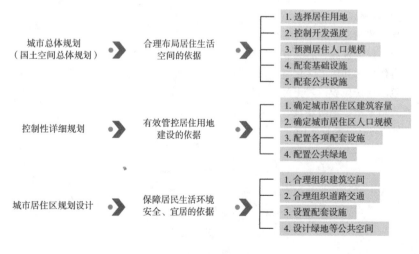

图1-4　三个层次

适用范围及基本原则

1.0.3 城市居住区规划设计应遵循创新、协调、绿色、开放、共享的发展理念,营造安全、卫生、方便、舒适、美丽、和谐以及多样化的居住生活环境。

图1-5 发展理念

注释

  落实《中共中央国务院关于进一步加强城市规划建设管理工作的若干意见》提出的"创新、协调、绿色、开放、共享的发展理念"和"推动发展更加开放便捷、尺度适宜、配套完善、邻里和谐的生活街区"(图1-5)。落实《中华人民共和国城乡规划法》第四条"制定和实施城乡规划,应当遵循城乡统筹、合理布局、节约土地、集约发展和先规划后建设的原则,改善生态环境,促进资源、能源节约和综合利用,保护耕地等自然资源和历史文化遗产,保持地方特色、民族特色和传统风貌,防止污染和其他公害,并符合区域人口发展、国防建设、防灾减灾和公共卫生、公共安全的需要"(图1-6)。

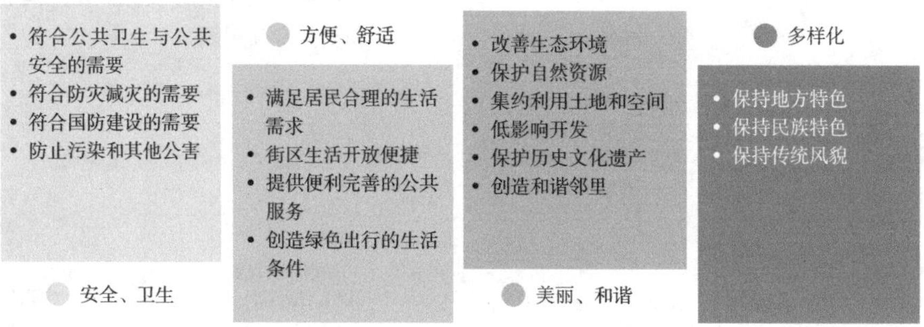

- 符合公共卫生与公共安全的需要
- 符合防灾减灾的需要
- 符合国防建设的需要
- 防止污染和其他公害

● 安全、卫生

● 方便、舒适
- 满足居民合理的生活需求
- 街区生活开放便捷
- 提供便利完善的公共服务
- 创造绿色出行的生活条件

- 改善生态环境
- 保护自然资源
- 集约利用土地和空间
- 低影响开发
- 保护历史文化遗产
- 创造和谐邻里

● 美丽、和谐

● 多样化
- 保持地方特色
- 保持民族特色
- 保持传统风貌

图1-6 基本原则

相关标准

1.0.4　城市居住区规划设计除应符合本标准外，尚应符合国家现行有关标准的规定。

文体福利类

- 《城市公共服务设施规划规范》
  GB 50442
- 《国家基本公共文化服务指导标准（2015–2020 年）》
- 《中小学设计规范》GB 50099
- 《乡镇综合文化站建设标准》建标 160
- 《城市公共体育运动设施用地定额指标暂行规定》
- 《城市公共体育场馆用地控制指标》（国土资规 [2017] 11 号）
- 《城市社区体育设施建设用地指标》（建标 [2005]156 号）
- 《幼儿园建设标准》建标 175
- 《综合医院建设标准》建标 110
- 《老年人居住建筑设计标准》
  GB/T 50340
- 《养老设施建筑设计规范》GB 50867
- 《老年养护院建设标准》建标 144
- 《老年人社会福利机构基本规范》MZ 008
- 《老年人照料设施建筑设计标准》JGJ 450
  ⋯⋯⋯⋯

市政公用类

- 《城市工程管线综合规划规范》
  GB 50289
- 《城市给水工程规划规范》GB 50282
- 《城市排水工程规划规范》GB 50318
- 《城市电力规划规范》GB 50293
- 《城市通信工程规划规范》GB/T 50853
- 《城市供热工程规划规范》GB/T 51074
- 《城镇燃气工程规划规范》GB/T 51098
- 《城市环境卫生设施规划标准》GB/T 50337
- 《城市综合防灾规划标准》GB/T 51327
- 《城市居住区人防工程规划规范》GB 50808
- 《无障碍设计规范》GB 50763
  ⋯⋯⋯⋯

道路交通类

- 《城市道路照明设计标准》CJJ 45
- 《城市道路内停车泊位设计规范》GA/T 850
- 《城市道路工程设计规范》CJJ 37
- 《城市道路交叉口规划规范》GB 50647
- 《城市道路交通设施设计规范》GB 50688
- 《无障碍设计规范》GB 50763
- 《城市综合交通体系规划标准》GB/T51328
- 《城市停车场规划规范》GB/T 51149
- 《城市道路交叉口规划规范》GB/T 50647
  ⋯⋯⋯⋯

住宅服务类

- 《电梯主要参数及轿厢、井道、机房的型式与尺寸》GB/T 7025
- 《建筑设计防火规范》GB 50016
- 《民用建筑隔声设计规范》GB 50118
- 《绿色保障性住房技术导则》（建办 [2013] 195 号）
- 《绿色住区标准》T/CECS 377
- 《社区老年人日间照料中心建设标准》（建标 143–2010）
- 《城市社区服务站建设标准》（建标 167–2014）
- 《社区卫生服务中心、站建设标准》（建标 163–2013）
- 《公安派出所建设标准》（建标 100–2007）
  ⋯⋯⋯⋯

其他类

- 《海绵城市建设技术指南》（住建部）
- 《综合医院建设标准》（建标 110–2008）
- 《乡镇卫生院建设标准》（建标 [2008] 142 号）
  ⋯⋯⋯⋯

图 1-7　部分国家现行规划标准

2　术语

城市居住区的概念及各级生活圈的含义

2.0.1 城市居住区 urban residential area

城市中住宅建筑相对集中布局的地区，简称居住区。

注释

"居住区"是城市中住宅建筑相对集中的地区。居住区依据其居住人口规模主要可以分为十五分钟生活圈居住区、十分钟生活圈居住区、五分钟生活圈居住区和居住街坊四级（图2-1）。

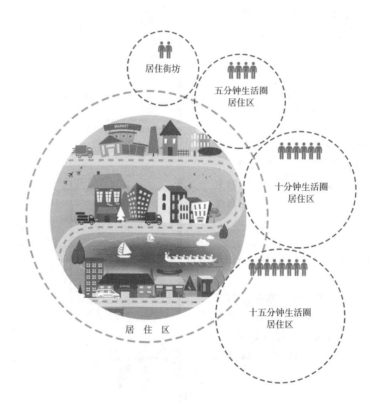

图2-1 城市居住区分级

城市居住区的概念及各级生活圈的含义

2.0.2 十五分钟生活圈居住区 15-min pedestrian-scale neighborhood

以居民步行十五分钟可满足其物质与生活文化需求为原则划分的居住区范围；一般由城市干路或用地边界线所围合，居住人口规模为50000~100000人（约17000~32000套住宅），配套设施完善的地区。

2.0.3 十分钟生活圈居住区 10-min pedestrian-scale neighborhood

以居民步行十分钟可满足其基本物质与生活文化需求为原则划分的居住区范围；一般由城市干路、支路或用地边界线所围合，居住人口规模为15000~25000人（约5000~8000套住宅），配套设施齐全的地区。

2.0.4 五分钟生活圈居住区 5-min pedestrian-scale neighborhood

以居民步行五分钟可满足其基本生活需求为原则划分的居住区范围；一般由支路及上级城市道路或用地边界线所围合，居住人口规模为5000~12000人（约1500~4000套住宅），配建社区服务设施的地区。

如图2-2所示。

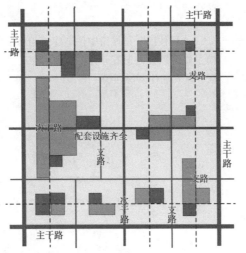

用地规模：130~200hm^2

人口规模：50000~100000人（约17000~32000套住宅）

步行时间：15分钟

围合边界：城市干路或用地边界线

十五分钟生活圈居住区

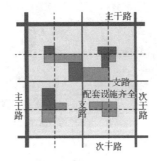

用地规模：32~50hm^2

人口规模：15000~25000人（约5000~8000套住宅）

步行时间：10分钟

围合边界：城市干路、支路或用地边界线

十分钟生活圈居住区

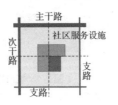

用地规模：8~18hm^2

人口规模：5000~12000人（约1500~4000套住宅）

步行时间：5分钟

围合边界：支路及上级城市道路或用地边界线

五分钟生活圈居住区

图2-2 生活圈居住区

城市居住区的概念及各级生活圈的含义

注释

　　"生活圈"是根据城市居民的出行能力、设施需求频率及其服务半径、服务水平的不同，划分出的不同的居民日常生活空间，并据此进行公共服务、公共资源（包括公共绿地等）的配置。"生活圈"通常不是一个具有明确空间边界的概念，圈内的用地功能是混合的，里面包括与居住功能并不直接相关的其他城市功能（图2-3）。

　　但"生活圈居住区"是指一定空间范围内，由城市道路或用地边界线所围合，住宅建筑相对集中的居住功能区域；通常根据人口规模、行政管理分区等情况可以划定明确的居住空间边界，界内与居住用地功能不直接相关或者服务范围远大于本居住区的各类设施用地不计入居住区用地。

　　十五分钟生活圈居住区的用地面积规模为约130~200hm²，十分钟生活圈居住区的用地面积规模约为32~50m²，五分钟生活圈居住区的用地面积规模约为8~18hm²。

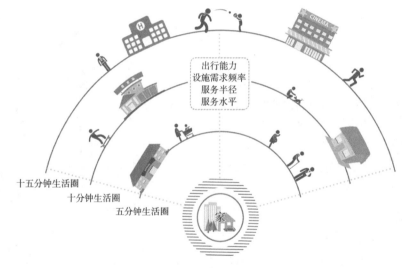

图2-3　生活圈划分要素

居住街坊的概念

2.0.5 居住街坊 neighborhood block

由支路等城市道路或用地边界线围合的住宅用地，是住宅建筑组合形成的居住基本单元；居住人口规模为 1000~3000 人（约 300~1000 套住宅，用地面积 2~4hm²），并配建有便民服务设施。

注释

"居住街坊"是居住的基本生活单元。围合居住街坊的道路皆为城市道路，开放支路网系统，不可封闭管理。这也是"小街区、密路网"发展要求的具体体现（图 2-4）。

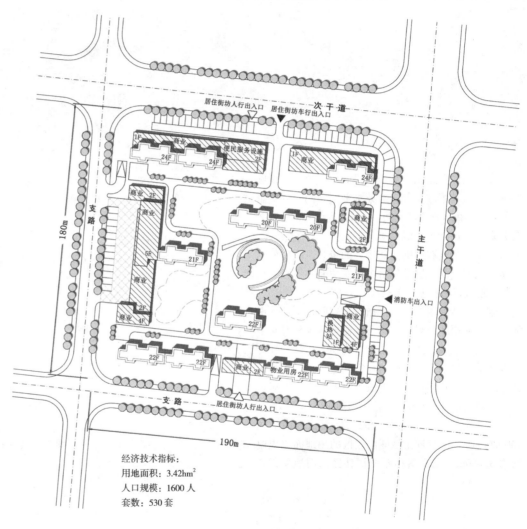

经济技术指标：
用地面积：3.42hm²
人口规模：1600 人
套数：530 套

图 2-4　某居住街坊总平面案例

居住区用地构成

2.0.6 居住区用地 residential area landuse

城市居住区的住宅用地、配套设施用地、公共绿地以及城市道路用地的总称。

2.0.7 公共绿地 public green landuse

为居住区配套建设、可供居民游憩或开展体育活动的公园绿地。

注释

住宅用地属于居住用地（R）中的小类（R11、R21、R31），包括住宅建筑用地（含保障性住宅用地）及其附属道路、停车场、小游园等用地。

城市道路用地（S1）包括快速路、主干路、次干路和支路等用地。

公共绿地是为各级生活圈居住区配套的公园绿地及街头小广场。对应城市用地分类 G 类用地（绿地与广场用地）中的公园绿地（G1）及广场用地（G3），不包括城市级的大型公园绿地及广场用地，也不包括居住街坊内的绿地。

配套设施包括基层公共管理与公共服务设施、商业服务业设施、市政公用设施、交通场站及社区服务设施、便民服务设施，分别属于不同的用地分类。公共管理与公共服务用地（A）包括行政、文化、教育、体育、卫生等机构与设施用地，是指政府控制以保障基础民生需求的服务设施，一般为非营利的公益性设施用地。商业服务业设施用地（B）包括各类商业、商务、娱乐康体等设施用地，是指主要通过市场配置的服务设施，包括政府独立投资或合资建设的设施。公用设施用地（U）包括供应、环境、安全等设施用地。交通场站用地（S4）指静态交通设施用地，包括公共交通场站用地和社会停车场用地。社区服务设施为居住用地内的服务设施，用地类别为居住用地（R）中的服务设施用地（R12、R22、R32）。便民服务设施用地归类为住宅用地（R11、R21、R31）（图 2-5）。

以上用地分类依据《城市用地分类与规划建设用地标准》（GB 50137—2011）。

居住区用地构成

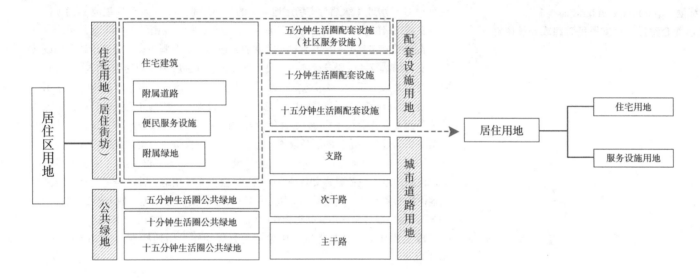

图 2-5　居住区用地图解

住宅建筑平均层数

2.0.8　住宅建筑平均层数　average storey number
of residential buildings

一定用地范围内，住宅建筑总面积与住宅建筑
基底总面积的比值所得的层数。

如图 2-6 所示。

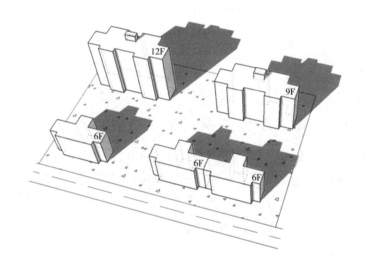

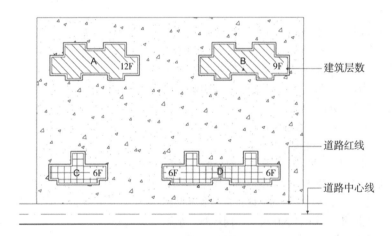

$$住宅建筑平均层数 = \frac{12A+9B+6C+6D}{A+B+C+D}$$

A、B、C、D 表示本栋楼的建筑基底面积

图 2-6　住宅建筑平均层数案例

配套设施

2.0.9　配套设施　neighborhood facility

对应居住区分级配套规划建设，并与居住人口规模或住宅建筑面积规模相匹配的生活服务设施；主要包括基层公共管理与公共服务设施、商业服务业设施、市政公用设施、交通场站及社区服务设施、便民服务设施。

注释

与居住区的分级相对应，各级生活圈和居住街坊配套建设的生活服务设施的总称为配套设施。其中包括基层公共管理与公共服务设施、商业服务业设施、市政公用设施、交通场站，也包括居住用地内的服务设施（服务五分钟生活圈范围、用地性质为居住用地的社区服务设施，以及服务居住街坊、用地性质为住宅用地的便民服务设施）。

十五分钟、十分钟生活圈居住区配套的公共管理与公共服务设施包括初中、小学、体育场（馆）或全民健身中心、大型多功能运动场地、中型多功能运动场地、卫生服务中心（社区医院）、门诊部、养老院、老年养护院、文化活动中心（含青少年活动中心、老年活动中心）、社区服务中心（街道级）、街道办事处、司法所、派出所等（图2-7）。

十五分钟、十分钟生活圈居住区配套的商业服务业设施包括商场、菜市场或生鲜超市、健身房、餐饮设施、银行营业网点、电信营业网点、邮政营业场所等（图2-8）。

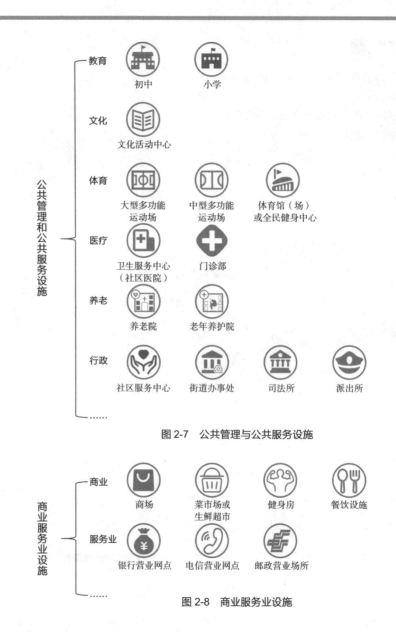

图2-7　公共管理与公共服务设施

图2-8　商业服务业设施

配套设施

注释

　　十五分钟、十分钟生活圈居住区配套的市政公用设施包括开闭所、燃料供应站、燃气调压站、供热站或热交换站、通信机房、有线电视基站、垃圾转运站、消防站、市政燃气服务网点和应急抢修站等（图2-9）。

　　十五分钟、十分钟生活圈居住区配套的交通场站包括轨道交通站点、公交首末站、公交车站、非机动车停车场（库）、机动车停车场（库）等（图2-10）。

图2-9　市政公用设施

图2-10　交通场站

社区服务设施

2.0.10 社区服务设施 5-min neighborhood facility

五分钟生活圈居住区内,对应居住人口规模配套建设的生活服务设施,主要包括托幼、社区服务及文体活动、卫生服务、养老助残、商业服务等设施。

注释

五分钟生活圈居住区的配套设施作为社区服务设施,与基层社区管理对接,有利于社区服务设施的落实并实施管理。实际应用中,每个城市对社区规模的划分可能各不相同,城市可结合本市的社区管理规划对接社区服务层级。

五分钟生活圈居住区配套设施包括社区服务站、社区食堂、文化活动站、小型多功能运动(球类)场地、室外综合健身场地(含老年户外活动场地)、幼儿园、托儿所、老年人日间照料中心(托老所)、社区卫生服务站、小超市、再生资源回收点、生活垃圾收集站、公共厕所、公交车站、非机动车停车场(库)、机动车停车场(库)等(图 2-11)。

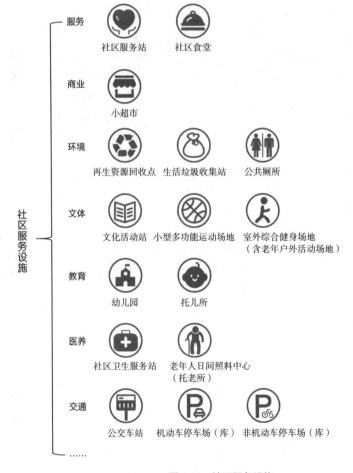

图 2-11 社区服务设施

便民服务设施

2.0.11　便民服务设施　neighborhood block facility

　　居住街坊内住宅建筑配套建设的基本生活服务设施，主要包括物业管理、便利店、活动场地、生活垃圾收集点、停车场（库）等设施。

注释

　　居住街坊是居住着 1000~3000 人的基本生活单元，因此也应配备最基本的生活服务设施。该类设施主要服务于本街坊居民，一般应根据居住人口规模、住宅建筑面积规模或住宅套数按一定比例配建。

　　居住街坊配套设施包括物业管理与服务、儿童和老年人活动场地、室外健身器械、便利店、邮件和快件送达设施、生活垃圾收集点、非机动车停车场（库）、机动车停车场（库）等（图 2-12）。

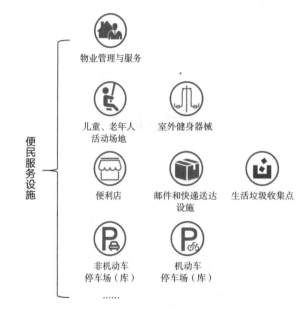

图 2-12　便民服务设施

3 基本规定

居住区规划建设的基本原则

3.0.1　居住区规划设计应坚持以人为本的基本原则，遵循适用、经济、绿色、美观的建筑方针，并应符合下列规定：

　　1　应符合城市总体规划及控制性详细规划；

注释

　　《中共中央国务院关于进一步加强城市规划建设管理工作的若干意见》在总体要求中提出："贯彻'适用、经济、绿色、美观'的建筑方针，着力转变城市发展方式，着力塑造城市特色风貌，着力提升城市环境质量……"针对强化城市规划工作明确提出："创新规划理念，改进规划方法，把以人为本、尊重自然、传承历史、绿色低碳等理念融入城市规划全过程……"

　　依据《中华人民共和国城乡规划法》有关规定，居住区的规划设计及相关建设行为，应符合城市总体规划，并应遵循控制性详细规划的有关控制要求（图3-1~图3-3）。

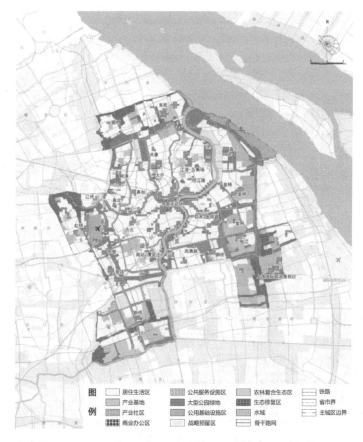

图3-1　上海市城市总体规划（2017~2035年）
上海主城区用地布局规划图

居住区规划建设的基本原则

图 3-2 河北雄安新区启动区控制性详细规划
土地利用规划图

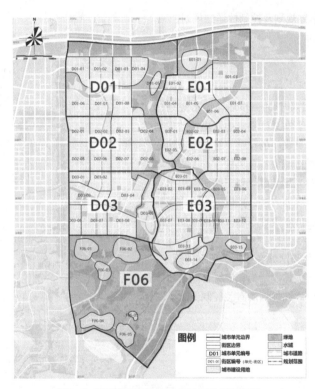

图 3-3 河北雄安新区启动区控制性详细规划
城市单元及街区划分图

居住区规划建设的基本原则

2 应符合所在地气候特点与环境条件、经济社会发展水平和文化习俗；

注释

居住区规划建设是在一定的规划用地范围内进行，对其各种规划要素的考虑和确定，如建筑布局、住宅间距、日照标准、人口和建筑密度、道路、配套设施和居住环境等，均与所在城市的地理位置、建筑气候区划、现状用地条件及经济社会发展水平、地方特色、文化习俗等密切相关。在规划设计中应充分考虑、利用和强化已有特点和条件，为整体提高居住区规划建设水平创造条件（图 3-4～图 3-6）。

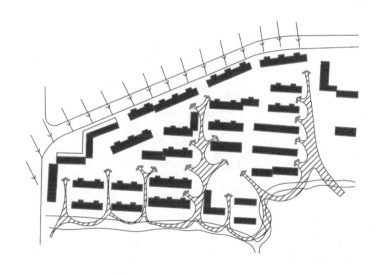

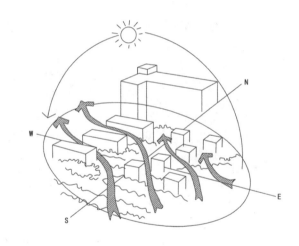

图 3-4 居住区规划应符合所在地气候条件
上海天钥新村，周围比较空旷，布置成南北封闭，东南开放，有力夏季迎东南风，冬季挡西北风

资料来源：
朱家瑾．居住区规划设计 [M]．北京：中国建筑工业出版社，2007:48．

居住区规划建设的基本原则

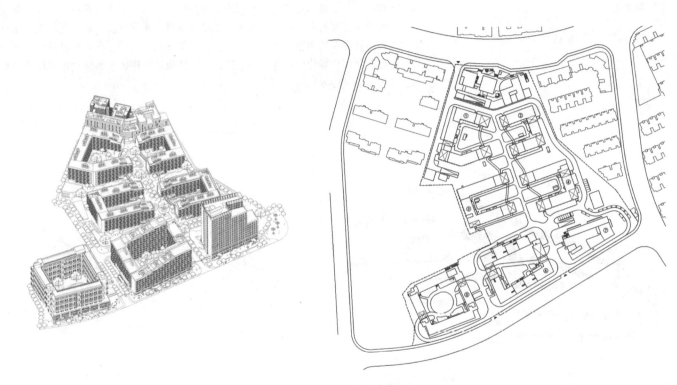

图3-5 上海市龙南佳苑小区

龙南佳苑位于上海市徐汇区天钥桥南路夏泰浜路路口，南面紧邻黄浦江。小区共有八栋建筑，其中五栋为成套小户型住宅（户型建筑面积为40~60m²），两栋为成套单人型宿舍（户型建筑面积大部分为35m²），一栋为独立商业建筑。规划层面：在2.2的容积率要求下，东、西、北侧有大量现状住宅需要考虑日照影响的情况下，采用北面为四栋相对的七层U形半围合多层廊式住宅以回避复杂的日照计算；南面采用逐级变化的三栋高层住宅来减弱住宅区规划对日照计算的依赖，从而更加自由，这三栋远离日照纠葛的高层住宅自西向东分别是12层的对跃小户型住宅、7~12层的廊式小户型住宅、8~17层的宿舍型住宅

资料来源：
张佳晶."聊宅志异"从"22
HOUSE"开始的社会住宅实践[J].
时代建筑，2016(06):104–109.

居住区规划建设的基本原则

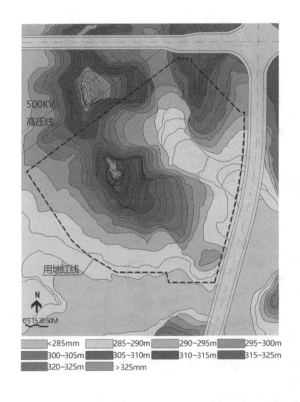

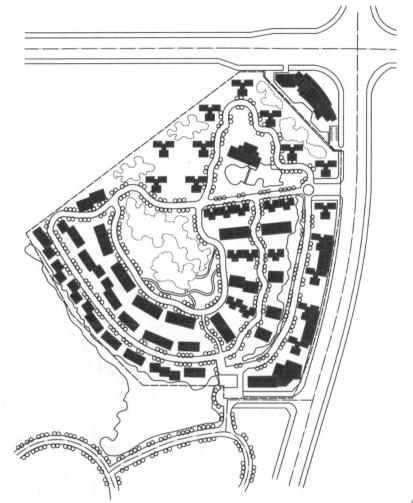

图 3-6　重庆山地住区设计案例

资料来源：
张庆顺，张译文，魏宏杨.山地
住区设计的生态适应性策略研
究——以重庆科技学院教师住区
为例[J].住区，2016(05):94–99.

居住区规划建设的基本原则

3 应遵循统一规划、合理布局，节约土地、因
地制宜，配套建设、综合开发的原则；

注释

居住区规划建设应遵循《中华人民共和国城乡规划法》提出的"合理布局、
节约土地、集约发展和先规划后建设的原则，改善生态环境，促进资源、能源
节约和综合利用，保护耕地等自然资源和历史文化遗产，保持地方特色、民族
特色和传统风貌，防止污染和其他公害，并符合区域人口发展、国防建设、防
灾减灾和公共卫生、公共安全的需要"的原则（图3-7）。

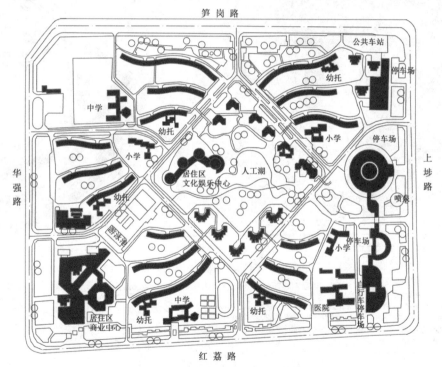

图3-7 深圳市白沙岭居住区总平面图

资料来源：
朱家瑾．居住区规划设计 [M].
北京：中国建筑工业出版社，
2007:49.

居住区规划建设的基本原则

　　4 应为老年人、儿童、残疾人的生活和社会活
动提供便利的条件和场所；

注释

　　为老年人、儿童、残疾人提供活动场所及相应
的服务设施和方便、安全的居住生活条件等无障碍的
出行环境，使老年人能安度晚年、儿童快乐成长、残
疾人能享受国家和社会给予的生活保障，营造全龄友
好的生活居住环境是居住区规划建设不容忽略的重要
问题（图3-8）。

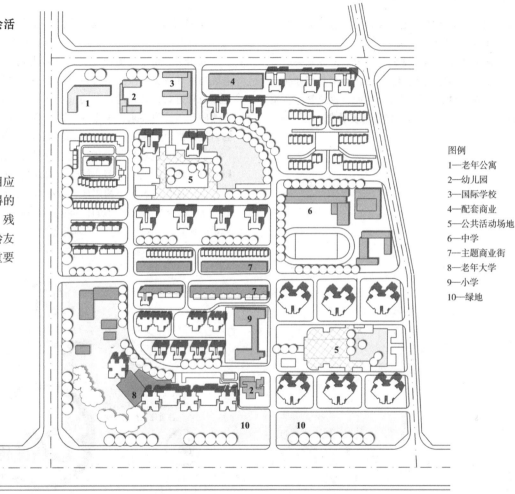

图例
1—老年公寓
2—幼儿园
3—国际学校
4—配套商业
5—公共活动场地
6—中学
7—主题商业街
8—老年大学
9—小学
10—绿地

图3-8　某混合住区案例

居住区规划建设的基本原则

5 应延续城市的历史文脉、保护历史文化遗产并与传统风貌相协调；

6 应采用低影响开发的建设方式，并应采取有效措施促进雨水的自然积存、自然渗透与自然净化；

7 应符合城市设计对公共空间、建筑群体、园林景观、市政等环境设施的有关控制要求。

注释

在旧区进行居住区规划建设，应符合《中华人民共和国城乡规划法》第三十一条的规定，遵守历史文化遗产保护的基本原则并与传统风貌相协调。

为提升城市在适应环境变化和应对自然灾害等方面的能力，提升城市生态系统功能和减少城市洪涝灾害的发生，居住区规划应充分结合自然条件、现状地形地貌进行设计与建筑布局，充分落实海绵城市有关自然积存、自然渗透、自然净化等建设要求，采用渗、滞、蓄、净、用、排等措施，更多地利用自然的力量控制雨水径流，同时有效控制面源污染。

居住用地是城市建设用地中占比最大的用地类型，因此住宅建筑是对城市风貌影响较大的建筑类型。居住区规划建设应符合所在地城市设计的要求，塑造特色、优化形态、集约用地。没有城市设计指引的建设项目应运用城市设计的方法，研究并有效控制居住区的公共空间系统、绿地景观系统以及建筑高度、体量、风格、色彩等，创造宜居生活空间、提升城市环境质量（图3-9）。

建筑群体
有效控制建筑高度、体量，优化形态，明确新建建筑和改扩建建筑的控制要求

公共空间
有效控制公共空间系统，组织城市公共空间功能，注重建筑空间尺度

园林景观
有效控制绿地景观系统，拓展步行活动和绿化空间，创造宜居生活空间

风格色彩
注重与山水自然的共生关系，提出建筑高度、体量、风格、色彩等控制要求

市政设施
合理布置市政设施、街道家具，提升街道特色和活力

图3-9 居住区规划建设符合城市设计要求

居住区规划选址应遵守的安全性原则

3.0.2 居住区应选择在安全、适宜居住的地段进行建设，并应符合下列规定：

1 不得在有滑坡、泥石流、山洪等自然灾害威胁的地段进行建设；

2 与危险化学品及易燃易爆品等危险源的距离，必须满足有关安全规定；

注释

本条为强制性条文。

居住区是城市居民居住生活的场所，其选址的安全性和适宜性规定是居民安居生活的基本保障。

山洪灾害和滑坡、泥石流灾害是我国自然灾害造成人员伤亡的重要灾种，发生频率十分频繁，每年都会造成大量人员伤亡和财产损失。居住区应避开有上述自然灾害威胁的地段进行建设（图3-10）。

危险化学品及易燃易爆品等危险源是城市的重要危险源，一旦发生事故，影响范围广、居民受灾程度严重。因此居住区与周围的危险化学品及易燃易爆品等危险源，必须保持一定的距离并符合国家对该类危险源安全距离的有关规定，可设置绿化隔离带确保居民安全（图3-11）。

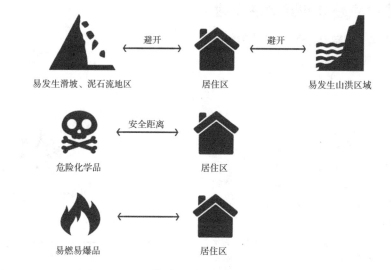

图3-10 居住区规划选址应遵守的安全性原则

类型	工厂类别及规模（10⁴t/a）	装置（设施）分类	装置（设施）名称	当地近五年平均风速（m/s）		
				< 2.0	2.0~4.0	> 4.0
炼油	≤ 800	一	酸性水汽堤、硫黄回收、碱渣处理、废渣处理	900	700	600
		二	延迟焦化、氧化沥青、酚精制、糠醛精制、污水处理场	700	500	400
	> 800	一	酸性水汽堤、硫黄回收、碱渣处理、废渣处理	1200	800	700
		二	延迟焦化、氧化沥青、酚精制、糠醛精制、污水处理场	900	700	600
化工	乙烯 ≥ 30 ≤ 60	一	丙酮氰醇、甲胺、DMF	1200	900	700
		二	乙烯裂解（SM技术）、污水处理场、"三废"处理设施	900	600	500
		三	乙烯裂解（LUMMS技术）、氯乙烯、聚乙烯、聚氯乙烯、乙二醇、橡胶（溶液丁苯—低顺）	500	300	200

资料来源：选自《石油化工企业卫生防护距离》（SH 3093—1999）。

图3-11 石油化工装置（设施）与居住区之间的卫生防护距离（m）（节选）

居住区规划选址应遵守的安全性原则

3 存在噪声污染、光污染的地段，应采取相应的降低噪声和光污染的防护措施；

注释

噪声和光污染会对人的听觉系统、视觉系统和身体健康产生不良影响，降低居民的居住舒适度。临近交通干线或其他已知固定设备产生的噪声超标、公共活动场所某些时段产生的噪声、建筑玻璃幕墙日间产生的强反射光或夜景照明对住宅产生的强光，都可能影响居民休息、干扰正常生活。因此，建筑的规划布局应采取相应的措施对其加以防护或隔离，降低噪声和光污染对居民产生的不利影响。如尽可能将商业建筑、立体停车场等对噪声和光污染不敏感的建筑邻靠噪声源、遮挡光污染，设置土坡绿化、种植大型乔木等隔离措施，降低噪声和光污染对住宅建筑的不利影响（图3-12、图3-13）。

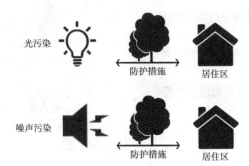

图 3-12 居住区规划选址应遵守的安全性原则

行业	序号	企业名称	规模	声源强度 dB（A）	卫生防护距离 m	备注
机械	2-1	制钉厂		100~105	100	
	2-2	标准件厂		95~105	100	
	2-3	专用汽车改装厂	中型	95~110	200	
	2-4	拖拉机厂	中型	100~112	200	
	2-5	汽轮机厂	中型	100~118	300	
	2-6	机床制造厂		95~105	100	小机床生产企业
	2-7	钢丝绳厂	中型	95~100	100	
	2-8	铁路机车车辆厂	大型	100~120	300	
	2-9	风机厂		100~118	300	
	2-10	锻造厂	中型	95~110	200	
			小型	90~100	100	不装汽锤或只用0.5t以下汽锤
	2-11	轧钢厂	中型	95~110	300	不设炼钢车间的轧钢厂
……						

资料来源：
选自《以噪声污染为主的工业企业卫生防护距离标准》（GB 18083—2000）。

图 3-13 以噪声污染为主的工业企业卫生防护距离标准值（节选）

居住区规划选址应遵守的安全性原则

4 土壤存在污染的地段，必须采取有效措施进行无害化处理，并应达到居住用地土壤环境质量的要求。

注释

依据生态环境部《污染地块土壤环境管理办法（试行）》有关要求，在有可能被污染的建设用地上规划建设居住区时，如原二类以上工业用地改变为居住用地时，需对该建设用地的土壤污染情况进行环境质量评价，经评估土壤确实被污染，必须有针对性地采取有效措施进行无害化治理和修复，在符合居住用地土壤环境质量要求的前提下，才可以规划建设居住区。未经治理或者治理后检测不符合相关标准的，不得用于建设居住区（图3-14、图3-15）。

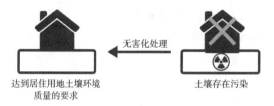

图3-14 居住区规划选址应遵守的安全性原则

单位：mg/kg

序号	污染物项目	CAS编号	筛选值		管制值	
			第一类用地	第二类用地	第一类用地	第二类用地
重金属和无机物						
1	砷	7440-38-2	20	60	120	140
2	镉	7440-43-9	20	65	47	172
3	铬（六价）	18540-29-9	3.0	5.7	30	78
4	铜	7440-50-8	2000	18000	8000	36000
5	铅	7439-92-1	400	800	800	2500
6	汞	7439-97-6	8	38	33	82
7	镍	7440-02-0	150	900	600	2000
挥发性有机物						
8	四氯化碳	56-23-5	0.9	2.8	9	36
9	氯仿	67-66-3	0.3	0.9	5	10
10	氯甲烷	74-87-3	12	37	21	120
……						

资料来源：选自《土壤环境质量建设用地土壤污染风险管控标准（试行）》（GB 36600—2018）。

图3-15 建设用地土壤污染风险筛选值和管制值（基本项目）（节选）

居住区规划布局应兼顾的安全性要求

3.0.3 居住区规划设计应统筹考虑居民的应急避难场所和疏散通道,并应符合国家有关应急防灾的安全管控要求。

注释

应急避难场所和疏散通道是城市综合防灾设施的重要组成部分,是应对灾害保障居民人身安全的必要设施。居住区规划布局应统筹其道路、公共绿地、中小学校、体育场馆、住宅建筑以及配套设施等公共空间的布局,满足居民应急避难和就近疏散的安全管控要求。在灾害突发时,承担疏散通道或救援通道的居住区道路应能够满足居民安全疏散以及运送救援物资等要求,并设置相应的引导标识(图3-16)。

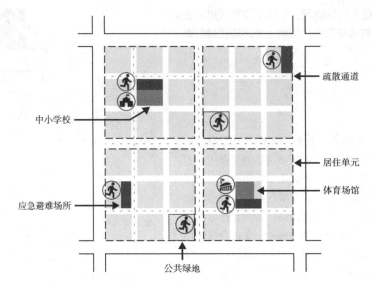

图 3-16 居住区应急避难场所和疏散通道

居住区分级控制规模

3.0.4 居住区按照居民在合理的步行距离内满足基本生活需求的原则，可分为十五分钟生活圈居住区、十分钟生活圈居住区、五分钟生活圈居住区及居住街坊四级，其分级控制规模应符合表3.0.4的规定。

表 3.0.4 居住区分级控制规模

距离与规模	十五分钟生活圈居住区	十分钟生活圈居住区	五分钟生活圈居住区	居住街坊
步行距离（m）	800~1000	500	300	—
居住人口（人）	50000~100000	15000~25000	5000~12000	1000~3000
住宅套数（套）	17000~32000	5000~8000	1500~4000	300~1000

注释

居住区分级便于配套设施和配套公共绿地，落实国家有关基本公共服务均等化的发展要求，满足居民的基本物质与文化生活需求。《中共中央国务院关于进一步加强城市规划建设管理工作的若干意见》提出了："健全公共服务设施。坚持共享发展理念，使人民群众在共建共享中有更多获得感。合理确定公共服务设施建设标准，加强社区服务场所建设，形成以社区级设施为基础，市、区级设施衔接配套的公共服务设施网络体系。配套建设中小学、幼儿园、超市、菜市场，以及社区养老、医疗卫生、文化服务等设施，大力推进无障碍设施建设，打造方便快捷生活圈……"

居住区分级控制规模

注释

　　本次修订以居民能够在步行范围内满足基本生活需求为划分原则。居住区分级以人的基本生活需求和步行可达为基础，充分体现以人为本的发展理念。居住区分级兼顾主要配套设施的合理服务半径及运行规模，充分发挥其社会效益和经济效益。居住人口规模与设施服务半径是双控指标，既要保证设施在合理的步行服务范围内，又要保证配套设施与居住人口规模相对应。居住区分级宜对接城市管理体制，便于对接基层社会管理。实际运用中，居住区分级可兼顾城市各级管理服务机构的管辖范围进行划分，城市社区也可结合居住区分级划分的服务范围设置社区服务中心（站），这样既便于居民生活的组织和管理，又有利于各类设施的配套建设及提供管理和服务。

　　居住街坊是组成各级生活圈居住区的基本单元；通常3~4个居住街坊可组成1个五分钟生活圈居住区，可对接社区服务；3~4个五分钟生活圈居住区可组成1个十分钟生活圈居住区；3~4个十分钟生活圈居住区可组成1个十五分钟生活圈居住区；1~2个十五分钟生活圈居住区，可对接1个街道办事处。城市社区可根据社区的实际居住人口规模对应本标准的居住区分级，实施管理与服务（图3-17）。

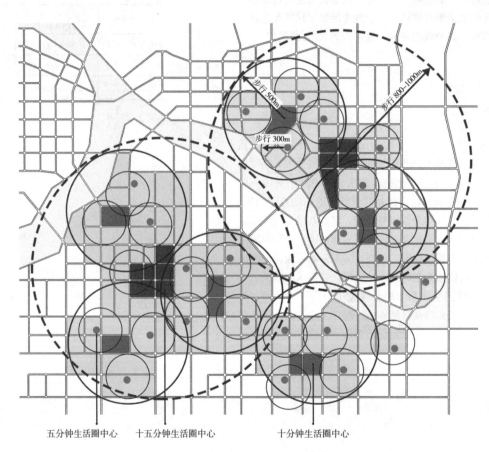

五分钟生活圈中心　　　十五分钟生活圈中心　　　　　十分钟生活圈中心

图3-17　居住区分级控制规模示意图

配套设施和绿地的分级控制

3.0.5 居住区应根据其分级控制规模，对应规划建设配套设施和公共绿地，并应符合下列规定：

　　1 新建居住区，应满足统筹规划、同步建设、同期投入使用的要求；

　　2 旧区可遵循规划匹配、建设补缺、综合达标、逐步完善的原则进行改造。

　　如图 3-18 所示。

图例
1—幼托
2—小学
3—社区中心
4—居委会与自行车停放
5—游戏场地与绿地

资料来源：
同济大学胜利油田建筑设计组.山东省孤岛新镇中华村住宅 [J].建筑学报，1987（01）：9-11.

图 3-18　山东省孤岛新镇中华村

配套设施和绿地的分级控制

注释

　　配套设施及配建绿地应根据居住区分级控制规模所对应的居住人口进行配置，并满足不同层级居民日常生活的基本物质与文化需求。如居住街坊应配套建设附属绿地及相应的便民服务设施；五分钟生活圈居住区应配套建设社区服务设施（含幼儿园）及公共绿地；十分钟生活圈应配套建设小学、商业服务等配套设施及公共绿地；十五分钟生活圈应配套建设中学、商业服务、医疗卫生、文化、体育、养老助残等配套设施及公共绿地。

　　对于新建居住区，应全面执行本标准。城市规划应综合考虑城市道路的围合、居民步行出行的合理范围以及城市管理辖区范围划分的各级居住区，并对应居住人口规模规划布局各项配套设施和公共绿地。

　　旧区指经城市总体规划划定或地方政府经法定程序划定的特殊政策区中的既有居住区。旧区改建时，应按照本标准进行管控。由于土地开发强度的增加，将导致建筑容量及人口密度的大幅增加，规划管理与控制性详细规划应根据居住区规模分级进行配套设施承载能力综合评估，并提出规划控制要求，保障居住人口规模与配套设施的匹配关系；但配套设施的规划建设，可根据实际情况采用分散补齐的方式达到合理配套的效果。如果既有建筑改造项目的建设规模不足居住街坊时，应在更大的居住区范围内进行评估，统筹校核配套设施及配建绿地，并按规定进行配建管控（图3-19、图3-20）。

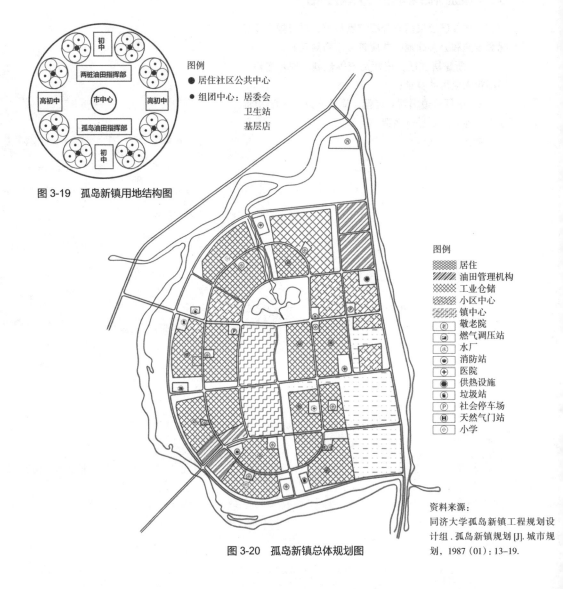

图 3-19　孤岛新镇用地结构图

图 3-20　孤岛新镇总体规划图

资料来源：
同济大学孤岛新镇工程规划设计组. 孤岛新镇规划 [J]. 城市规划, 1987（01）：13–19.

历史文化遗产保护

3.0.6 涉及历史城区、历史文化街区、文物保护单位及历史建筑的居住区规划建设项目，必须遵守国家有关规划的保护与建设控制规定。

注释

与历史城区、历史文化街区、文物保护单位、历史建筑相关的居住区规划设计、住宅建筑设计，及其新建、改建、扩建工程等行为，必须满足相关保护与建设控制规定（图3-21）。

核心保护范围保护控制要求：

在核心保护范围内除了的确需要建造的必要的基础设施和公共服务设施外，不得进行新建、扩建、改建活动。进行新建、扩建、改建活动时，建筑高度应控制在12m以下，并应提交历史文化保护的具体方案，应特别关注功能、规模、材料、照明、街道设施、招牌和植物等多项内容，骑楼街和商业性质的传统商业街巷参照传统骑楼和竹筒屋控制建筑尺度，如涉及文物保护单位及其保护范围和建设控制地带的建设活动，须按文物保护相关要求执行。

建设控制地带保护控制要求：

建设控制地带内进行新建、扩建活动时，建筑高度应控制在18m以下，其体量、色彩、材质等方面与历史风貌相协调，不得破坏传统格局和历史风貌。

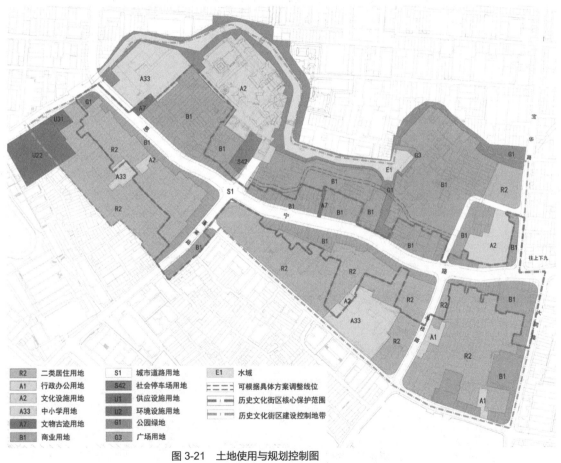

R2	二类居住用地	S1	城市道路用地	E1	水域	
A1	行政办公用地	S42	社会停车场用地		可根据具体方案调整线位	
A2	文化设施用地	U1	供应设施用地		历史文化街区核心保护范围	
A33	中小学用地	U2	环境设施用地		历史文化街区建设控制地带	
A7	文物古迹用地	G1	公园绿地			
B1	商业用地	G3	广场用地			

图3-21 土地使用与规划控制图

资料来源：
选自《广州市恩宁路历史文化街区保护利用规划》。

低影响开发的基本原则

3.0.7 居住区应有效组织雨水的收集与排放，并应满足地表径流控制、内涝灾害防治、面源污染治理及雨水资源化利用的要求。

注释

基于海绵城市"小雨不积水、大雨不内涝"的建设要求，居住区的规划建设应充分结合建筑布局及雨水利用、排洪防涝，对雨水进行有组织管理，形成低影响开发雨水系统。居住区应按照上位规划的排水防涝要求，预留雨水蓄滞空间和涝水排除通道，满足内涝灾害防治的要求；应采用自然生态的绿色雨水设施、仿生态化的工程设施以及灰色基础设施，降低城市初期雨水污染，满足面源污染控制的要求；应做好雨水利用的相关规划设计，配套滞蓄设施，满足雨水资源化利用的要求（图 3-22、图 3-23）。

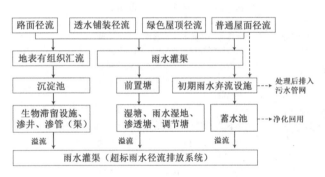

图 3-22　建筑与小区低影响开发雨水系统典型流程示例

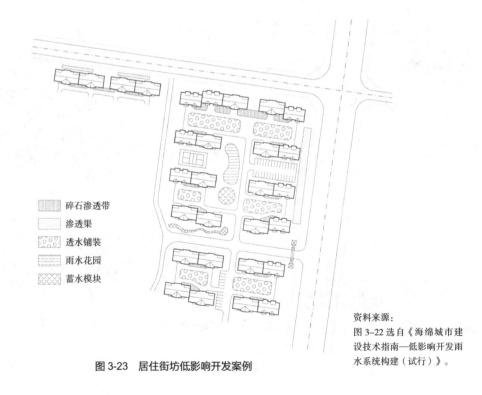

图例：

- 碎石渗透带
- 渗透渠
- 透水铺装
- 雨水花园
- 蓄水模块

资料来源：
图 3-22 选自《海绵城市建设技术指南—低影响开发雨水系统构建（试行）》。

图 3-23　居住街坊低影响开发案例

地下空间的适度开发利用

3.0.8 居住区地下空间的开发利用应适度，应合理控制用地的不透水面积并留足雨水自然渗透、净化所需的土壤生态空间。

注释

　　地下空间的开发利用是集约利用土地的有效方法。根据《中华人民共和国城乡规划法》第三十三条"城市地下空间的开发和利用，应当与经济和技术发展水平相适应，遵循统筹安排、综合开发、合理利用的原则，充分考虑防灾减灾、人民防空和通信等需要，并符合城市规划，履行规划审批手续。"本条规定地下空间的开发利用应因地制宜、统一规划、适度开发，为雨水的自然渗透与地下水的补给、减少径流外排留足相应的土壤透水空间（图3-24）。

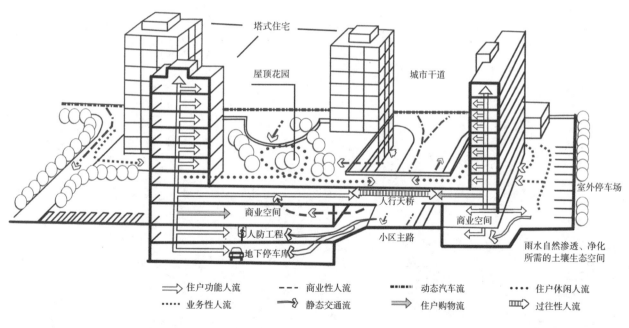

图3-24　地下空间开发利用

资料来源：
朱家瑾. 居住区规划设计 [M]. 北京：中国建筑工业出版社，2007:48。

符合有关标准和规定

3.0.9 居住区的工程管线规划设计应符合现行国家标准《城市工程管线综合规划规范》GB 50289 的有关规定；居住区的竖向规划设计应符合现行行业标准《城乡建设用地竖向规划规范》CJJ 83 的有关规定。

3.0.10 居住区所属的建筑气候区划应符合现行国家标准《建筑气候区划标准》GB 50178 的规定；其综合技术指标及用地面积的计算方法应符合本标准附录 A 的规定。

4 用地与建筑

各级生活圈居住区用地构成及控制指标

4.0.1 各级生活圈居住区用地应合理配置、适度开发，其控制指标应符合下列规定：

　　1 十五分钟生活圈居住区用地控制指标应符合表 4.0.1-1 的规定；

　　2 十分钟生活圈居住区用地控制指标应符合表 4.0.1-2 的规定；

　　3 五分钟生活圈居住区用地控制指标应符合表 4.0.1-3 的规定。

注释

　　在具体的实际使用中，应根据生活圈居住区的规模，对应使用相关的控制指标表格。通常情况下，涉及的空间尺度范围越大，现实中全部建设低层住宅建筑或全部建设高层住宅建筑的情况就越少见。因此，十五分钟生活圈居住区没有纳入低层和高层Ⅱ类的住宅建筑平均层数类别；十分钟生活圈居住区和五分钟生活圈居住区则没有纳入高层Ⅱ类的住宅建筑平均层数类别。

表 4.0.1-1　十五分钟生活圈居住区用地控制指标

建筑气候区划	住宅建筑平均层数类别	人均居住区用地面积（m²/人）	居住区用地容积率	居住区用地构成（%）				
				住宅用地	配套设施用地	公共绿地	城市道路用地	合计
Ⅰ、Ⅶ	多层Ⅰ类（4层~6层）	40~54	0.8~1.0	58~61	12~16	7~11	15~20	100
Ⅱ、Ⅵ		38~51	0.8~1.0					
Ⅲ、Ⅳ、Ⅴ		37~48	0.9~1.1					
Ⅰ、Ⅶ	多层Ⅱ类（7层~9层）	35~42	1.0~1.1	52~58	13~20	9~13	15~20	100
Ⅱ、Ⅵ		33~41	1.0~1.2					
Ⅲ、Ⅳ、Ⅴ		31~39	1.1~1.3					
Ⅰ、Ⅶ	高层Ⅰ类（10层~18层）	28~38	1.1~1.4	48~52	16~23	11~16	15~20	100
Ⅱ、Ⅵ		27~36	1.2~1.4					
Ⅲ、Ⅳ、Ⅴ		26~34	1.2~1.5					

注：居住区用地容积率是生活圈内，住宅建筑及其配套设施地上建筑面积之和与居住区用地总面积的比值。

各级生活圈居住区用地构成及控制指标

表 4.0.1-2 十分钟生活圈居住区用地控制指标

建筑气候区划	住宅建筑平均层数类别	人均居住区用地面积（m²/人）	居住区用地容积率	居住区用地构成（%）				
				住宅用地	配套设施用地	公共绿地	城市道路用地	合计
Ⅰ、Ⅶ	低层（1层~3层）	49~51	0.8~0.9	71~73	5~8	4~5	15~20	100
Ⅱ、Ⅵ		45~51	0.8~0.9					
Ⅲ、Ⅳ、Ⅴ		42~51	0.8~0.9					
Ⅰ、Ⅶ	多层Ⅰ类（4层~6层）	35~47	0.8~1.1	68~70	8~9	4~6	15~20	100
Ⅱ、Ⅵ		33~44	0.9~1.1					
Ⅲ、Ⅳ、Ⅴ		32~41	0.9~1.2					
Ⅰ、Ⅶ	多层Ⅱ类（7层~9层）	30~35	1.1~1.2	64~67	9~12	6~8	15~20	100
Ⅱ、Ⅵ		28~33	1.2~1.3					
Ⅲ、Ⅳ、Ⅴ		26~32	1.2~1.4					
Ⅰ、Ⅶ	高层Ⅰ类（10层~18层）	23~31	1.2~1.6	60~64	12~14	7~10	15~20	100
Ⅱ、Ⅵ		22~28	1.3~1.7					
Ⅲ、Ⅳ、Ⅴ		21~27	1.4~1.8					

注：居住区用地容积率是生活圈内，住宅建筑及其配套设施地上建筑面积之和与居住区用地总面积的比值。

表 4.0.1-3 五分钟生活圈居住用地控制指标

建筑气候区划	住宅建筑平均层数类别	人均居住区用地面积（m²/人）	居住区用地容积率	居住区用地构成（%）				
				住宅用地	配套设施用地	公共绿地	城市道路用地	合计
Ⅰ、Ⅶ	低层（1层~3层）	46~47	0.7~0.8	76~77	3~4	2~3	15~20	100
Ⅱ、Ⅵ		43~47	0.8~0.9					
Ⅲ、Ⅳ、Ⅴ		39~47	0.8~0.9					
Ⅰ、Ⅶ	多层Ⅰ类（4层~6层）	32~43	0.8~1.1	74~76	4~5	2~3	15~20	100
Ⅱ、Ⅵ		31~40	0.9~1.2					
Ⅲ、Ⅳ、Ⅴ		29~37	1.0~1.2					
Ⅰ、Ⅶ	多层Ⅱ类（7层~9层）	28~31	1.2~1.3	72~74	5~6	3~4	15~20	100
Ⅱ、Ⅵ		25~29	1.2~1.4					
Ⅲ、Ⅳ、Ⅴ		23~28	1.3~1.6					
Ⅰ、Ⅶ	高层Ⅰ类（10层~18层）	20~27	1.4~1.8	69~72	6~8	4~5	15~20	100
Ⅱ、Ⅵ		19~25	1.5~1.9					
Ⅲ、Ⅳ、Ⅴ		18~23	1.6~2.0					

注：居住区用地容积率是生活圈内，住宅建筑及其配套设施地上建筑面积之和与居住区用地总面积的比值。

各级生活圈居住区用地构成及控制指标

注释

    各级生活圈居住区用地容积率是生活圈居住区用地内，住宅建筑及其配套设施地上建筑面积之和与居住区用地总面积的比值。需要注意的是，生活圈用地和生活圈居住区用地的区别，前者可能包含与居住功能无关的用地，应注意避免误用（图4-1）。

    三个生活圈居住区的人均居住区用地面积及用地构成比例有以下特征：第一，住宅用地的比例，以及人均居住区用地控制指标在高纬度地区偏向指标区间的高值，配套设施用地和公共绿地的比例偏向指标的低值，低纬度地区则正好相反；第二，城市道路用地的比例和居住区在城市中的区位有关，靠近城市中心的地区，道路用地控制指标偏向高值。此外，需要特别明确的是：

    1）居住区用地 = 住宅用地 + 公建用地 + 道路用地 + 公共绿地

    2）居住用地（R）= 住宅用地 + 服务设施用地

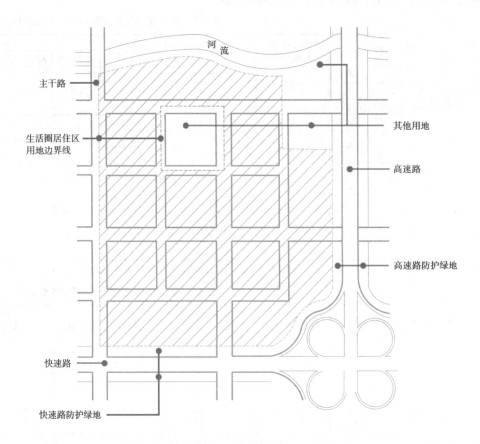

河 流

主干路

生活圈居住区用地边界线

其他用地

高速路

高速路防护绿地

快速路

快速路防护绿地

图4-1　生活圈居住区用地范围划定规则示意图

居住街坊用地及建筑控制指标

4.0.2 居住街坊用地与建筑控制指标应符合表 4.0.2 的规定。

注释

本条为强制性条文，明确了居住街坊的各项控制指标。

居住街坊（2~4hm²）是实际住宅建设开发项目中最常见的开发规模，而容积率、人均住宅用地、建筑密度、绿地率及住宅建筑高度控制指标是密切关联的。本标准针对不同的建筑气候区划、不同的土地开发强度，即居住街坊住宅用地容积率所对应的人均住宅用地面积、建筑密度及住宅建筑控制高度进行了规定。

各类别住宅容积率、建筑密度、平均层数之间的内在关系，可通过"容积率 = 总建筑面积 / 住宅用地面积""建筑密度 = 建筑基底面积之和 / 住宅用地面积""平均层数 = 总建筑面积 / 建筑基底面积之和"推导出"容积率 = 建筑密度 × 平均层数"。

本标准对居住区的开发强度提出了限制要求。不鼓励高强度开发居住用地及大面积建设高层住宅建筑，并对容积率、住宅建筑控制高度提出了较为适宜的控制范围。在相同的容积率控制条件下，对住宅建筑控制高度的最大值进行了控制，既能避免住宅建筑群比例失态的"高低配"现象的出现，又能为合理设置高低错落的住宅建筑群留出空间。由于建筑密度低，高层住宅建筑形成的居住街坊应设置更多的绿地空间。

表 4.0.2 居住街坊用地与建筑控制指标

建筑气候区划	住宅建筑平均层数类别	住宅用地容积率	建筑密度最大值（%）	绿地率最小值（%）	住宅建筑高度控制最大值（m）	人均住宅用地面积最大值（m²/人）
I、VII	低层（1层~3层）	1.0	35	30	18	36
	多层I类（4层~6层）	1.1~1.4	28	30	27	32
	多层II类（7层~9层）	1.5~1.7	25	30	36	22
	高层I类（10层~18层）	1.8~2.4	20	35	54	19
	高层II类（19层~26层）	2.5~2.8	20	35	80	13
II、VI	低层（1层~3层）	1.0~1.1	40	28	18	36
	多层I类（4层~6层）	1.2~1.5	30	30	27	30
	多层II类（7层~9层）	1.6~1.9	28	30	36	21
	高层I类（10层~18层）	2.0~2.6	20	35	54	17
	高层II类（19层~26层）	2.7~2.9	20	35	80	13
III、IV、V	低层（1层~3层）	1.0~1.2	43	25	18	36
	多层I类（4层~6层）	1.3~1.6	32	30	27	27
	多层II类（7层~9层）	1.7~2.1	30	30	36	20
	高层I类（10层~18层）	2.2~2.8	22	35	54	16
	高层II类（19层~26层）	2.9~3.1	22	35	80	12

注：1. 住宅用地容积率是居住街坊内，住宅建筑及其便民服务设施地上建筑面积之和与住宅用地总面积的比值。
　　2. 建筑密度是居住街坊内，住宅建筑及其便民服务设施建筑基底面积与该居住街坊用地面积的比率（%）。
　　3. 绿地率是居住街坊内绿地面积之和与该居住街坊用地面积的比率（%）。

居住街坊用地及建筑控制指标

注释

　　以居住街坊为基本单元组合各层级居住区。居住街坊用地范围应算至周界道路红线式用地边界线，且不含城市道路。居住街坊尺度为150~250m，用地规模约2~4hm²，相当于原《规范》的居住组团规模，是城市居住功能的基本单元（图4-2）。

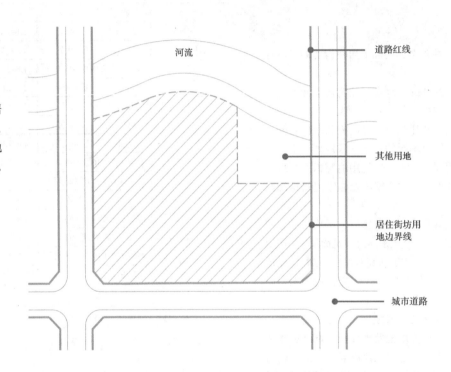

图4-2　居住街坊范围划定规则示意图

居住街坊用地及建筑控制指标

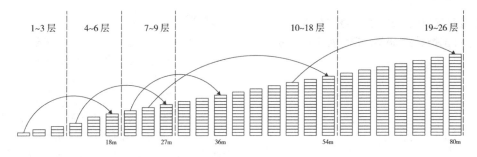

1~3层　4~6层　7~9层　10~18层　19~26层

18m　27m　36m　54m　80m

图 4-3　不同建筑层数与高度的划分示意图

注释

《民用建筑设计统一标准》（GB 50352—2019）规定：建筑高度不大于 27m 的住宅建筑为低层或多层民用建筑，建筑高度大于 27m 的住宅建筑且高度不大于 100m 的为高层民用建筑，建筑高度大于 100m 为超高层住宅建筑（图 4-3）。

按照《建筑设计防火规范》（GB 50016—2014，2018 年版）规定，27m 以上的高层民用建筑中，54m 为一类高层民用建筑和二类高层民用建筑之间的分界值（图 4-4）。

名称	高层民用建筑		单、多层民用建筑
	一类	二类	
住宅建筑	建筑高度大于 54m 的住宅建筑（包括设置商业服务网点的住宅建筑）	建筑高度大于 27m，但不大于 54m 的住宅建筑（包括设置商业服务网点的住宅建筑）	建筑高度不大于 27m 的住宅建筑（包括设置商业服务网点的住宅建筑）
公共建筑	建筑高度大于 50m 的公共建筑 建筑高度 24m 以上部分任一楼层建筑面积大于 1000m² 的商店、展览、电信、邮政、财贸金融建筑和其他多种功能组合的建筑 医疗建筑、重要公共建筑、独立建造的老年人照料设施 省级及以上的广播电视和防灾指挥调度建筑、网局级和省级电力调度建筑 藏书超过 100 万册的图书馆、书库	除一类高层公共建筑外的其他高层公共建筑	建筑高度大于 24m 的单层公共建筑 建筑高度不大于 24m 的其他公共建筑

注：1. 表中未列入的建筑，其类别应根据本表类比确定。
2. 除本规范另有规定外，宿舍、公寓等非住宅类居住建筑的防火要求，应符合本规范有关公共建筑的规定。
3. 除本规范另有规定外，裙房的防火要求应符合本规范有关高层民用建筑的规定。

图 4-4　民用建筑分类

居住街坊用地及建筑控制指标

4.0.3 当住宅建筑采用低层或多层高密度布局形式时，居住街坊用地与建筑控制指标应符合表 4.0.3 的规定。

注释

本条为强制性条文。

本条文明确了住宅建筑采取低层和多层高密度布局形式时，居住街坊的各项控制指标。在城市旧区改建等情况下，建筑高度受到严格控制，居住区可采用低层高密度或多层高密度的布局方式。结合气候区分布，绿地率可酌情降低，建筑密度可适当提高。

在实际应用中，可按照居住街坊所在建筑气候区划，根据规划设计 (如城市设计) 希望达到的整体空间高度 (即住宅建筑平均层数类别) 及基本形态 (即是否低层或多层高密度布局)，来选择相适应的住宅用地容积率及建筑密度绿地率等控制指标。另外，由于每个指标区间涉及层数和气候区划，通常层数越高或者气候区越靠南，容积率就可以越高，因此，在实际应用中，应根据具体情况选择区间内的适宜指标。

表 4.0.3 低层或多层高密度居住街坊用地与建筑控制指标

建筑气候区划	住宅建筑层数类别	住宅用地容积率	建筑密度最大值 (%)	绿地率最小值 (%)	住宅建筑高度控制最大值 (m)	人均住宅用地面积 (m²/ 人)
Ⅰ、Ⅶ	低层（1 层 ~3 层）	1.0、1.1	42	25	11	32~36
	多层 I 类（4 层 ~6 层）	1.4、1.5	32	28	20	24~26
Ⅱ、Ⅵ	低层（1 层 ~3 层）	1.1、1.2	47	23	11	30~32
	多层 I 类（4 层 ~6 层）	1.5~1.7	38	28	20	21~24
Ⅲ、Ⅳ、Ⅴ	低层（1 层 ~3 层）	1.2、1.3	50	20	11	27~30
	多层 I 类（4 层 ~6 层）	1.6~1.8	42	25	20	20~22

注：1. 住宅用地容积率是居住街坊内，住宅建筑及其便民服务设施地上建筑面积之和与住宅用地总面积的比值。
　　2. 建筑密度是居住街坊内，住宅建筑及其便民服务设施建筑基底面积与该居住街坊用地面积的比率（%）。
　　3. 绿地率是居住街坊内绿地面积之和与该居住街坊用地面积的比率（%）。

居住街坊用地及建筑控制指标

注释

多层高密度居住区宜采用围合式布局，同时利用公共建筑的屋顶绿化改善居住环境，形成开放便捷、尺度适宜的生活街区。

低层与多层高密度住宅利于建立邻里关系，加强社区的认同感及凝聚力。由于这种模式的建筑尺度较小，可以与室外空间在尺度及形态上塑造亲和性，并利于将建筑与景观融合在一起，创造丰富的过渡空间，形成多层次的人际交往空间，从而获得高质量的生活场所（图4-5）。

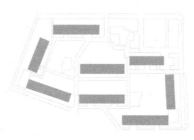
北京幸福村居住小区

北京富强西里小区

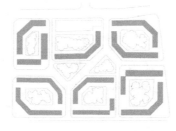
天津子牙里

天津经济技术开发区4号路居住区

图4-5　住宅组团示意图

资料来源：

同济大学建筑城规学院.城市规划资料集（第7分册）城市居住区规划 [M]. 北京：中国建筑工业出版社，2005.

各级生活圈居住区绿地

4.0.4 新建各级生活圈居住区应配套规划建设公共绿地，并应集中设置具有一定规模，且能开展休闲、体育活动的居住区公园；公共绿地控制指标应符合表4.0.4的规定。

注释

　　本条为强制性条文。本条文明确了各级生活圈居住区配建公共绿地的有关规定。各级生活圈居住区的公共绿地应分级集中设置一定面积的居住区公园，形成集中与分散相结合的绿地系统，创造居住区内大小结合、层次丰富的公共活动空间，设置休闲娱乐体育活动等设施，满足居民不同的日常活动需要。

　　为落实《中共中央国务院关于进一步加强城市规划建设管理工作的若干意见》提出的"合理规划建设广场、公园、步行道等公共活动空间，方便居民文体活动，促进居民交流。强化绿地服务居民日常活动的功能，使市民在居家附近能够见到绿地、亲近绿地"的精神，本标准提高了各级生活圈居住区公共绿地配建指标（图4-6）。

表4.0.4　公共绿地控制指标

类别	人均公共绿地面积（m²/人）	居住区公园		备注
		最小规模（hm²）	最小宽度（m）	
十五分钟生活圈居住区	2.0	5.0	80	不含十分钟生活圈及以下级住区的公共绿地指标
十分钟生活圈居住区	1.0	1.0	50	不含五分钟生活圈及以下级住区的公共绿地指标
五分钟生活圈居住区	1.0	0.4	30	不含居住街坊的绿地指标

注：居住区公园中应设置10%~15%的体育活动场地。

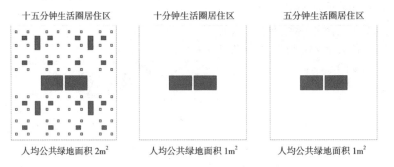

图4-6　各级生活圈居住区公共绿地配置指标示意图

各级生活圈居住区绿地

注释

　　本条文对集中设置的公园绿地规模提出了控制要求，以利于形成点、线、面结合的城市绿地系统，同时能够发挥更好的生态效应；有利于设置体育活动场地，为居民提供休憩、运动、交往的公共空间。同时体育设施与该类公园绿地的结合较好地体现了土地混合、集约利用的发展要求（图 4-7）。

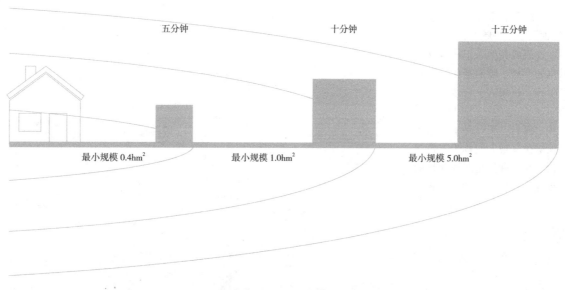

图 4-7　各级生活圈居住区公园最小规模示意图

各级生活圈居住区绿地

4.0.5 当旧区改建确实无法满足表 4.0.4 的规定时，可采取多点分布以及立体绿化等方式改善居住环境，但人均公共绿地面积不应低于相应控制指标的 70%。

注释

　　建筑物的绿化空间，按所处的部位不同，可分为住宅内厅堂、阳台和室内绿化、宅外庭院、宅旁绿地、建筑入口、垂直墙面及空中（屋顶）花园。

　　墙面垂直绿化泛指在建筑或其他人工构筑物的墙面进行植物配置与绿化的形式。墙面绿化通常有如下六种形式：直接攀附式、格架式、合栽式、垂挂式、嵌合式、直立式。

　　屋顶绿化是指在屋顶、露台、天台种植树木花卉进行绿化的统称，屋顶绿化又被人们称为屋顶花园、植被屋顶或种植屋顶。片状种植是屋顶绿化的重要形式，其又可进一步细分为地毯式和花园式两种类型（图 4-8）。

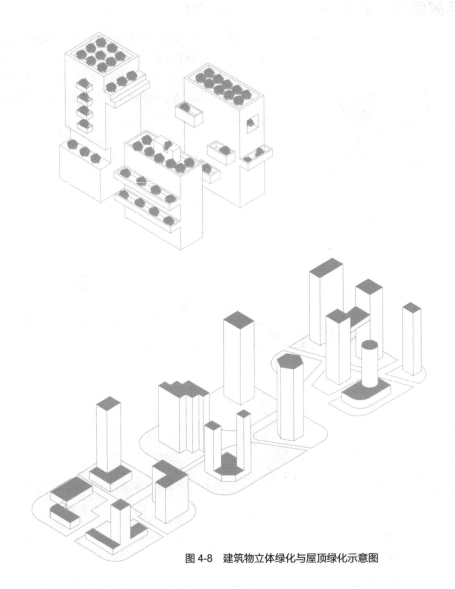

图 4-8　建筑物立体绿化与屋顶绿化示意图

各级生活圈居住区绿地

4.0.6 居住街坊内的绿地应结合住宅建筑布局设置集中绿地和宅旁绿地；绿地的计算方法应符合本标准附录 A 第 A.0.2 条的规定。

注释

本条规定了居住街坊内绿地及集中绿地的计算规则。

1）通常满足当地植树绿化覆土要求、方便居民出入的地下或半地下建筑的屋顶绿地应计入绿地，不应包括其他屋顶、晒台的人工绿地。

2）根据《建筑地面设计规范》（GB 50037-2013）的规定，建筑四周应设置散水，散水的宽度宜为 600~1000mm，因此，本标准规定，绿地计算至距建筑物墙脚 1.0m 处。

3）居住街坊集中绿地是方便居民户外活动的空间，为保障安全，其边界距建筑和道路应保持一定距离，因此集中绿地比其他宅旁绿地的计算规则更为严格，距建筑物墙脚不应小于 1.5m，距街坊内的道路路边不少于 1.0m（图 4-9）。

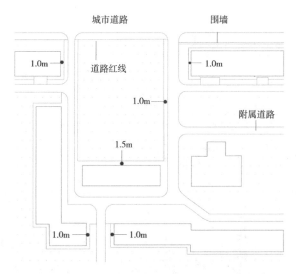

图 4-9 居住街坊内绿地及集中绿地的计算规则示意图

各级生活圈居住区绿地

4.0.7 居住街坊内集中绿地的规划建设，应符合下列规定：

　　1　新区建设不应低于 0.50m²/ 人，旧区改建不应低于 0.35m²/ 人；

　　2　宽度不应小于 8m；

　　3　在标准的建筑日照阴影线范围之外的绿地面积不应少于 1/3，其中应设置老年人、儿童活动场地。

注释

本条为强制性条文，规定了居住街坊集中绿地控制标准。

居住街坊应设置集中绿地，便于居民开展户外活动。集中绿地应设置供幼儿、老年人在家门口日常户外活动的场地，因此本条文对其最小规模和最小宽度进行了规定，以保证居民能有足够的空间进行户外活动；同时延续《规范》的相关规定，即居住街坊集中绿地的设置应满足不少于 1/3 的绿地面积在标准的建筑日照阴影线（即日照标准的等时线）范围之外的要求，以利于为老年人及儿童提供更加理想的游憩及游戏活动场所（图 4-10）。

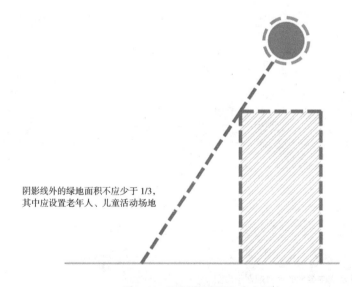

阴影线外的绿地面积不应少于 1/3，
其中应设置老年人、儿童活动场地

图 4-10　日照阴影范围与集中绿地

住宅建筑与相邻建筑物、构筑物间距

4.0.8 住宅建筑与相邻建、构筑物的间距应在综合考虑日照、采光、通风、管线埋设、视觉卫生、防灾等要求的基础上统筹确定，并应符合现行国家标准《建筑设计防火规范》GB 50016 的有关规定。

注释

本标准明确了住宅建筑间距控制应遵循的一般原则，综合考虑日照、采光、通风、防灾、管线埋设和视觉卫生等要求。其中，日照应满足本标准第 4.0.9 条的规定；消防应满足现行国家标准《建筑设计防火规范》GB 50016 的有关规定；管线埋设应满足现行国家标准《城市工程管线综合规划规范》GB 50289 的有关规定；同时还应通过规划布局和建筑设计满足视觉卫生的需求（一般情况下不宜低于 18m），营造良好居住环境。

住宅建筑的日照间距

4.0.9 住宅建筑的间距应符合表4.0.9的规定；对特定情况，还应符合下列规定：

　　1 老年人居住建筑日照标准不应低于冬至日日照时数2h；

　　2 在原设计建筑外增加任何设施不应使相邻住宅原有日照标准降低，既有住宅建筑进行无障碍改造加装电梯除外；

　　3 旧区改建项目内新建住宅建筑日照标准不应低于大寒日日照时数1h。

表4.0.9　住宅建筑日照标准

建筑气候区划	Ⅰ、Ⅱ、Ⅲ、Ⅶ气候区		Ⅳ气候区		Ⅴ、Ⅵ气候区
城区常住人口（万人）	≥50	<50	≥50	<50	无限定
日照标准日	大寒日				冬至日
日照时数（h）	≥2		≥3		≥1
有效日照时间带（当地真太阳时）	8时~16时				9时~15时
计算起点	底层窗台面				

注：底层窗台面是指距室内地坪0.9m高的外墙位置。

注释

本条为强制性条文，规定了住宅建筑的日照标准。

我国已进入老龄化社会，老年人的身体机能、生活能力及其健康需求决定了其活动范围的局限性和对环境的特殊要求，因此，为老年人服务的各项设施要有更高的日照标准。

针对建筑装修和城市商业活动出现的实际问题，对增设室外固定设施，如空调机、建筑小品、雕塑、户外广告、封闭露台等明确了不能降低相邻住户及相邻住宅建筑的日照标准，但以下情况不在其列：①栽植的树木；②对既有住宅建筑进行无障碍改造加装电梯。我国早年建设的居住区已逐步进入改造期，大量既有住宅建筑都面临进行无障碍改造的需求。既有住宅加装电梯可能对相邻建筑及自身的日照造成遮挡，因此在加装电梯过程中应尽可能地进行优化设计，不得附加与电梯无关的任何其他设施，并应在征得相关利害人意见的前提下，把对相邻住宅建筑及相关住户的日照影响降到最低（图4-11）。

本条文所指旧区应为经城市总体规划划定或地方政府经法定程序划定的特殊政策区中的既有居住区。旧区改建难是我国城市建设中面临的一大突出问题，在旧区改建时，建设项目本身范围内的新建住宅建筑确实难以达到规定日照标准时才可酌情降低。但无论在什么情况下，降低后的日照标准都不得低于大寒日1h，且不得降低周边既有住宅建筑日照标准（当周边既有住宅建筑原本未满足日照标准时，不应降低其原有的日照水平）。

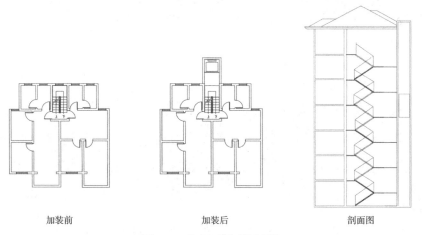

加装前　　　　　　加装后　　　　　　剖面图

图4-11　住宅加装电梯示意图

住宅建筑的日照间距

序号	城市名称	纬度（北纬）	冬至日 正午影长率	冬至日 日照 1h	大寒日 正午影长率	大寒日 日照 1h	大寒日 日照 2h	大寒日 日照 3h	序号	城市名称	纬度（北纬）	冬至日 正午影长率	冬至日 日照 1h	大寒日 正午影长率	大寒日 日照 1h	大寒日 日照 2h	大寒日 日照 3h
1	漠河	53°00′	4.14	3.88	3.33	3.11	3.21	3.33	23	西安	34°18′	1.58	1.48	1.41	1.31	1.35	1.40
2	齐齐哈尔	47°20′	2.86	2.68	2.43	2.27	2.32	2.43	24	蚌埠	32°57′	1.50	1.40	1.34	1.25	1.28	1.34
3	哈尔滨	45°45′	2.63	2.46	2.25	2.10	2.15	2.24	25	南京	32°04′	1.45	1.36	1.30	1.21	1.24	1.30
4	长春	43°54′	2.39	2.24	2.07	1.93	1.97	2.06	26	合肥	31°51′	1.44	1.35	1.29	1.20	1.23	1.29
5	乌鲁木齐	43°47′	2.38	2.22	2.06	1.92	1.96	2.04	27	上海	31°12′	1.41	1.32	1.26	1.17	1.21	1.26
6	多伦	42°12′	2.21	2.06	1.92	1.79	1.83	1.91	28	成都	30°40′	1.38	1.29	1.23	1.15	1.18	1.24
7	沈阳	41°46′	2.16	2.02	1.88	1.76	1.80	1.87	29	武汉	30°38′	1.38	1.29	1.23	1.15	1.18	1.24
8	呼和浩特	40°49′	2.07	1.93	1.81	1.69	1.73	1.80	30	杭州	30°19′	1.36	1.27	1.22	1.14	1.17	1.22
9	大同	40°00′	2.00	1.87	1.75	1.63	1.67	1.74	31	拉萨	29°42′	1.33	1.25	1.19	1.11	1.15	1.20
10	北京	39°57′	1.99	1.86	1.75	1.63	1.67	1.74	32	重庆	29°34′	1.33	1.24	1.19	1.11	1.14	1.19
11	喀什	39°32′	1.96	1.83	1.72	1.60	1.61	1.71	33	南昌	28°40′	1.28	1.20	1.15	1.07	1.11	1.16
12	天津	39°06′	1.92	1.80	1.69	1.58	1.61	1.68	34	长沙	28°12′	1.26	1.18	1.13	1.06	1.09	1.14
13	保定	38°53′	1.91	1.78	1.67	1.56	1.60	1.66	35	贵阳	26°35′	1.19	1.11	1.07	1.00	1.03	1.08
14	银川	38°29′	1.87	1.75	1.65	1.54	1.58	1.64	36	福州	26°05′	1.17	1.10	1.05	0.98	1.01	1.07
15	石家庄	38°04′	1.84	1.72	1.62	1.51	1.55	1.61	37	桂林	25°18′	1.14	1.07	1.02	0.96	0.99	1.04
16	太原	37°55′	1.83	1.71	1.61	1.50	1.54	1.60	38	昆明	25°02′	1.13	1.06	1.01	0.95	0.98	1.03
17	济南	36°41′	1.74	1.62	1.54	1.44	1.47	1.53	39	厦门	24°27′	1.11	1.03	0.99	0.93	0.96	1.01
18	西宁	36°35′	1.73	1.62	1.53	1.43	1.47	1.52	40	广州	23°08′	1.06	0.99	0.95	0.89	0.92	0.97
19	青岛	36°04′	1.70	1.58	1.50	1.40	1.44	1.50	41	南宁	22°49′	1.04	0.98	0.94	0.88	0.91	0.96
20	兰州	36°03′	1.70	1.58	1.50	1.40	1.44	1.49	42	湛江	21°02′	0.98	0.92	0.88	0.83	0.86	0.91
21	郑州	34°40′	1.61	1.50	1.43	1.33	1.36	1.42	43	海口	20°00′	0.95	0.89	0.85	0.80	0.83	0.88
22	徐州	34°19′	1.58	1.48	1.41	1.31	1.35	1.40									

注：1. 本表按沿纬向平行布置的六层条式住宅（楼高18.18m，首层窗台距室外地面1.35m）计算。
2. 表中数据为90年代初调查数据。

图4-12 全国主要城市不同日照标准的间距系数

方位	0°~15°（含）	15°~30°（含）	30°~45°（含）	45°~60°（含）	>60°
折减系数值	1.00L	0.90L	0.80L	0.90L	0.95L

注：1. 表中方位为正南向（0°）偏东、偏西的方位角。
2. L为当地正南向住宅的标准日照间距（m）。
3. 本表指标仅适用于无其他日照遮挡的平行布置的条式住宅建筑。

图4-13 不同方位日照间距折减换算系数

住宅建筑正面间距可参考图4-12全国主要城市不同日照标准的间距系数来确定日照间距，不同方位的日照间距系数控制可采用图4-13不同方位日照间距折减系数进行换算。"不同方位的日照间距折减"指以日照时数为标准，按不同方位布置的住宅折算成不同日照间距。图4-12、图4-13通常应用于条式平行布置的新建住宅建筑，作为推荐指标仅供规划设计人员参考，对于精确的日照间距和复杂的建筑布置形式须另作测算。

55

居住区规划设计技术指标

4.0.10 居住区规划设计应汇总重要的技术指标，并
应符合本标准附录 A 第 A.0.3 条的规定。

5 配套设施

配套设施规划建设布局的基本原则

5.0.1 配套设施应遵循配套建设、方便使用、统筹开放、兼顾发展的原则进行配置，其布局应遵循集中和分散兼顾、独立和混合使用并重的原则，并应符合下列规定：

1 十五分钟和十分钟生活圈居住区配套设施，应依照其服务半径相对居中布局。

注释

覆盖全民的国家基本公共服务制度体系自"十二五"开始初步构建，各级各类基本公共服务设施不断改善。"十三五"以来，国家基本公共服务体系不断完善，基本公共服务均等化水平稳步提升。以普惠性、保基本、均等化、可持续为方向，在学有所教、劳有所得、病有所医、老有所养、住有所居等方面持续取得新进展，是实现基本公共服务均等化的未来目标（图5-1）。

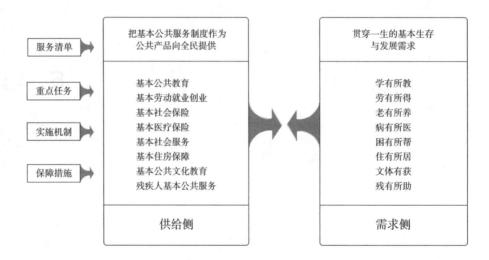

图 5-1　国家基本公共服务制度框架

配套设施规划建设布局的基本原则

注释

居住区配套设施是为居住区居民提供生活服务的各类必需的设施，应以保障民生、方便使用、有利于实现社会基本公共服务均等化为目标。配套设施布局应综合统筹规划用地的周围条件、自身规模、用地特征等因素，并应遵循集中和分散兼顾、独立和混合使用并重的原则，集约节约使用土地，提高设施使用便捷性。鼓励形成设施相对集中的城市基层公共服务中心，为居民提供一站式公共服务。在居住区土地使用性质相容的情况下，还应鼓励配套设施的联合建设（图5-2）。

居住区各项配套设施应该坚持开放共享的原则。

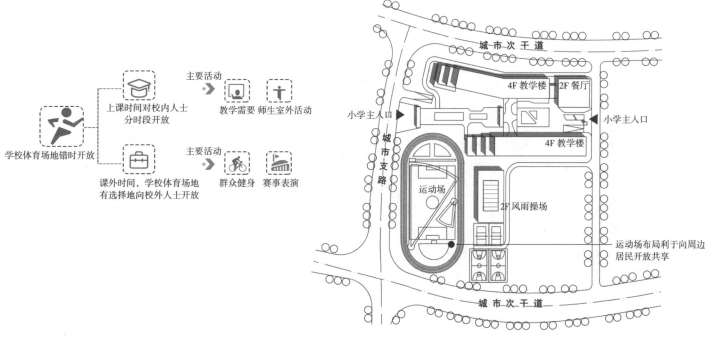

图 5-2 某新建小学总平面图

配套设施规划建设布局的基本原则

2 十五分钟生活圈居住区配套设施中，文化活动中心、社区服务中心（街道级）、街道办事处等服务设施宜联合建设并形成街道综合服务中心，其用地面积不宜小于 1hm²。

注释

十五分钟生活圈居住区和十分钟生活圈居住区配套设施中，同级别的公共管理与公共服务设施、商业服务设施、公共绿地适宜集中布置，可通过规划由政府负责建设或保障建设的公共设施相对集中，来引导市场化配置的配套设计集中布局，形成居民综合服务中心。十五分钟生活圈居住区宜将文化活动中心、街道服务中心、街道办事处、养老院等设施集中布局，形成街道综合服务中心。独立占地的街道综合服务中心用地应包括同级别的体育活动场地（图 5-3）。

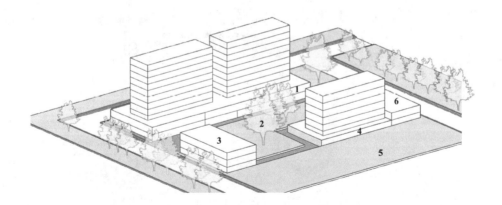

图例
1—义化活动中心
2—公共绿地
3—养老院
4—街道办事处
5—体育场地
6—街道服务中心

图 5-3 街道综合服务中心

配套设施规划建设布局的基本原则

3 五分钟生活圈居住区配套设施中，社区服务站、文化活动站（含青少年、老年活动站）、老年人日间照料中心（托老所）、社区卫生服务站、社区商业网点等服务设施，宜集中布局、联合建设，并形成社区综合服务中心，其用地面积不宜小于 0.3hm²。

注释

五分钟生活圈居住区配套设施规模较小，更应鼓励社区公益性服务设施和经营性服务设施组合布局、联合建设。鼓励社区服务站、文化活动站（含青少年、老年活动站）、老年人日间照料中心（托老所）、社区卫生服务站、社区商业网点等服务设施联合建设，形成社区综合服务中心。独立占地的社区综合服务中心用地应包括同级别的体育活动场地（图 5-4）。

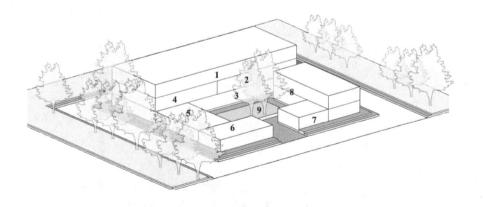

图例
1—文化活动站
2—超市
3—洗衣店
4—美发店
5—药店
6—社区服务站
7—社区卫生服务站
8—老年人日间照料中心（托老所）
9—公共绿地

图 5-4 社区综合服务中心

配套设施规划建设布局的基本原则

4 旧区改建项目应根据所在居住区各级配套设施的承载能力合理确定居住人口规模与住宅建筑容量；当不匹配时，应增补相应的配套设施或对应控制住宅建筑增量。

注释

旧区补建配套设施时，应尽可能满足各类设施的服务半径要求，其设施规模应与周边服务人口相匹配，可通过分散多点的布局方式满足千人指标的配建要求。

劲松小区位于北京东三环劲松桥西侧，隶属朝阳区劲松街道管辖，始建于20世纪70年代，是改革开放后北京市第一批成建制楼房住宅区，目前楼龄已40余年。老旧小区改造工作中，劲松北社区探索出独特的"劲松模式"（图5-5）。

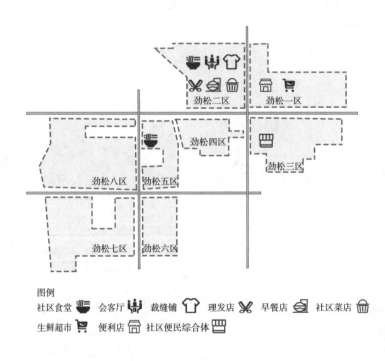

图5-5 北京市劲松北社区改造

居住区配套设施的设置要求

5.0.2　居住区配套设施分级设置应符合本标准附录B 的要求。

注释

为促进公共服务均等化，配套设施配置应对应居住区分级控制规模，以居住人口规模和设施服务范围（服务半径）为基础分级提供配套服务。这种方式既有利于满足居民对不同层次公共服务设施的日常使用需求，体现设施配置的均衡性和公平性，也有助于发挥设施使用的规模效益，体现设施规模化配置的经济合理性。配套设施应步行可达，为居住区居民的日常生活提供方便。

结合居民对各类设施的使用频率要求和设施运营的合理规模，配套设施分为四级，包括十五分钟、十分钟、五分钟三个生活圈居住区层级的配套设施和居住街坊层级的配套设施。各层级居住区配套设施的设置为非包含关系。上层级配套设施不能覆盖下层级居住区配建的配套设施，即当居住区规划建设人口规模达到某级生活圈居住区规模时，除需配套本层级的配套设施外，还需要对应配套本层级以下各层级的配套设施。居住区配套设施分为"应配建设施"和"宜配建设施"两类。为鼓励土地功能混合使用，配套设施主要分为"应独立占地""宜独立占地""可联合设置"及"可联合建设"四类（图5-6~图5-9）。

按照《城市用地分类与规划建设用地标准》（GB 50137—2011）的规定，居住区配套设施用地性质不尽相同。十五分钟、十分钟两级生活圈居住区配套设施用地属于城市级设施，主要包括公共管理与公共服务用地（A 类用地）、商业服务业设施用地（B 类用地）、交通场站用地（S4 类用地）和公用设施用地（U 类用地）。五分钟生活圈居住区的配套设施，即社区服务设施属于居住用地中的服务设施用地（R12、R22、R32）；居住街坊的便民服务设施属于住宅用地可兼容的配套设施（R11，R21，R31）。

居住区配套设施的设置要求

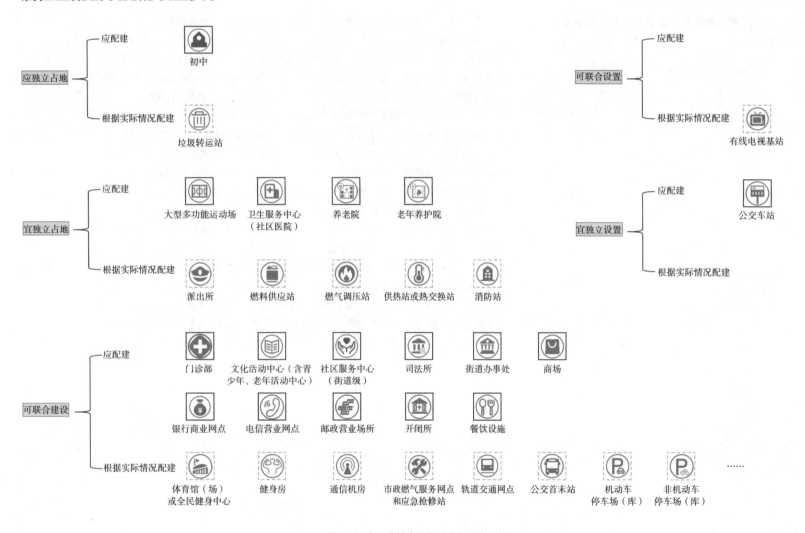

图 5-6　十五分钟生活圈居住区配套设施

居住区配套设施的设置要求

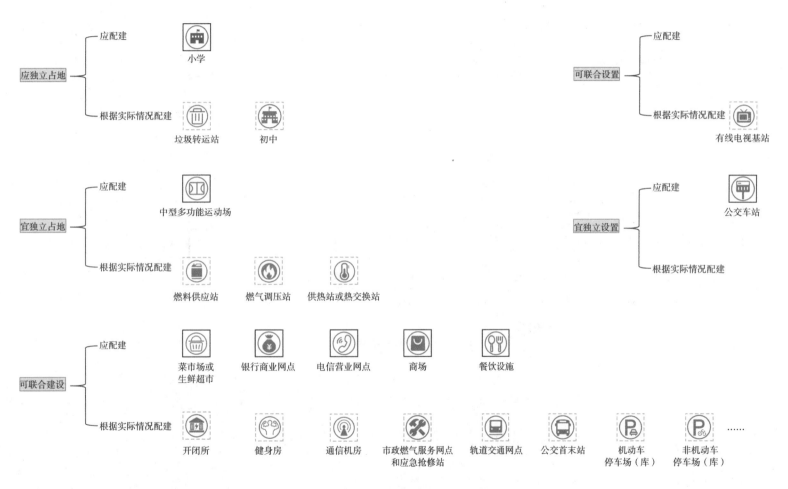

图 5-7 十分钟生活圈居住区配套设施

居住区配套设施的设置要求

图5-8　五分钟生活圈居住区配套设施

居住区配套设施的设置要求

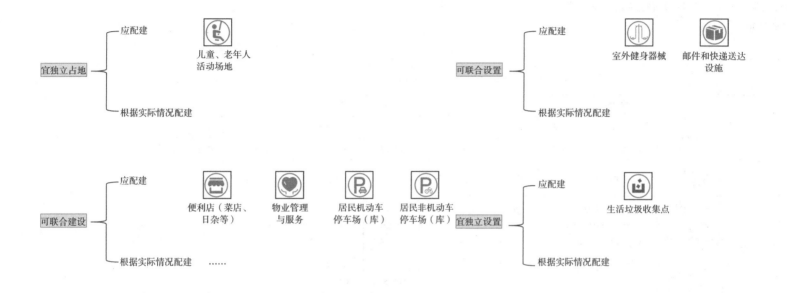

图 5-9 居住街坊配套设施

配套设施的分级配置标准

5.0.3 配套设施用地及建筑面积控制指标，应按照
居住区分级对应的居住人口规模进行控制，并应符
合表 5.0.3 的规定。

表 5.0.3 配套设施控制指标（m²/千人）

类别		十五分钟生活圈居住区		十分钟生活圈居住区		五分钟生活圈居住区		居住街坊	
		用地面积	建筑面积	用地面积	建筑面积	用地面积	建筑面积	用地面积	建筑面积
总指标		1600~2910	1450~1830	1980~2660	1050~1270	1710~2210	1070~1820	50~150	80~90
其中	公共管理与公共服务设施 A 类	1250~2360	1130~1380	1890~2340	730~810	—	—	—	—
	交通场站设施 S 类	—	—	70~80	—	—	—	—	—
	商业服务业设施 B 类	350~550	320~450	20~240	320~460	—	—	—	—
	社区服务设施 R12、R22、R32	—	—	—	—	1710~2210	1070~1820	—	—
	便民服务设施 R11、R21、R31	—	—	—	—	—	—	50~150	80~90

注：1.十五分钟生活圈居住区指标不含十分钟生活圈居住区指标，十分钟生活圈居住区指标不含五分钟生活圈居住区指标，五分钟生活圈居住区指标不含居住街坊指标。

2.配套设施用地应含与居住区分级对应的居民室外活动场所用地；未含高中用地、市政公用设施用地，市政公用设施应根据专业规划确定。

配套设施的分级配置标准

注释

　　居住区配套设施的配建水平应以每千居民所需的建筑和用地面积（简称千人指标）作为控制指标，由于它是一个包含了多种影响因素的综合性指标，因此具有很高的总体控制作用。各层级居住区配套设施的千人指标为不包含关系。配套设施千人指标的下限值只包括本标准附录 B 中的"应配建设施"，未含"宜配建设施"。

　　国家一、二类人防重点城市应根据人防规定，结合民用建筑修建防空地下室，应贯彻平战结合原则，战时能防空，平时能民用。人防设施如作为居民存车或作为第三产业用房等，应将其使用部分分别纳入配套公建面积或相关面积之中，以提高投资效益（图 5-10）。

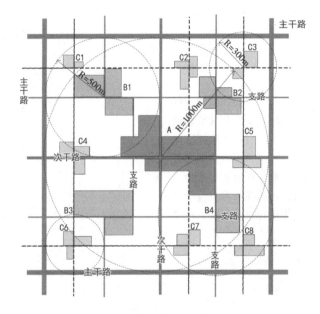

A：十五分钟生活圈居住区配套设施

B：十分钟生活圈居住区配套设施

C：五分钟生活圈居住区配套设施

图 5-10　控制性详细规划中千人指标的使用

例如在控制性详细规划中，规划十五分钟生活圈居住区级配套设施，用地面积和建筑面积指标可直接使用表格中的相关指标，但计算十五分钟生活圈居住区内所有设施用地或建筑面积，应叠加十五分钟、十分钟、五分钟生活圈居住区的配套设施用地面积和建筑面积；规划十分钟生活圈居住区级配套设施，用地面积和建筑可直接使用表格中的相关指标，但计算十分钟生活圈居住区内所有配套设施用地面积和建筑面积，应叠加十分钟、五分钟生活圈居住区配套设施的所有用地面积

配套设施的分级配置标准

注释

　　为强化配套设施的有序建设、提高设施服务水平，建议居住区的分级控制规模划分及其配套设施的规划建设应尽可能与城市现行的行政管理辖区及基层社会治理平台进行对接。例如，可将十五分钟生活圈居住区、五分钟生活区居住区分别对接街道和社区居委会进行管理。有条件的城市可进行行政管辖范围与配套设施服务范围的标准化对接，使其尽量相耦合（图 5-11）。

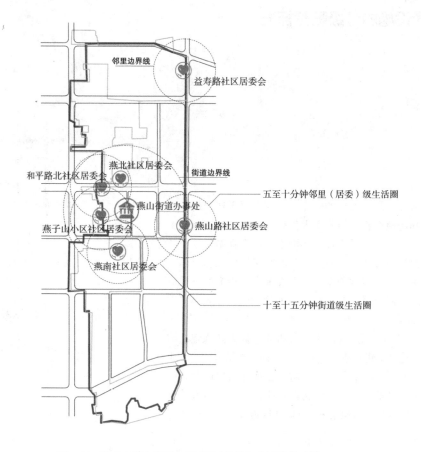

图 5-11　济南市燕山街道办事处行政管辖与生活圈的对接

居住区配套设施的配置标准和设置规定

5.0.4 各级居住区配套设施规划建设应符合本标准附录 C 的规定。

注释

附录 C 中所列各类配套设施项目的一般规模是根据各类设施自身的经营管理及经济合理性、安全性决定的。不同类型、规模的设施均有其自身特点，很多设施的设置要求，可参考国家标准、行业标准及有关规定与要求。本标准主要针对其中有一定规律，但还未标准化的配套设施提出一般性设置要求，如对服务半径、环境、交通的要求，多少套住宅设置一处等。

居住区配套设施的停车场（库）要求

5.0.5 居住区相对集中设置且人流较多的配套设施应配建停车场（库），并应符合下列规定：

　　1　停车场（库）的停车位控制指标，不宜低于表5.0.5的规定；

　　2　商场、街道综合服务中心机动车停车场（库）宜采用地下停车、停车楼或机械式停车设施；

　　3　配建的机动车停车场（库）应具备公共充电设施安装条件。

表5.0.5　配建停车场（库）的停车位控制指标
（车位/100m² 建筑面积）

名称	非机动车	机动车
商场	≥ 7.5	≥ 0.45
菜市场	≥ 7.5	≥ 0.30
街道综合服务中心	≥ 7.5	≥ 0.45
社区卫生服务中心（社区医院）	≥ 1.5	≥ 0.45

如图5-12、图5-13所示。

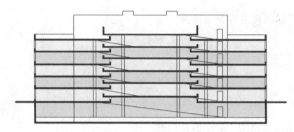

图5-12　常见停车楼案例

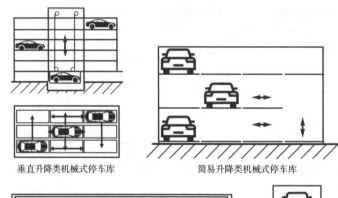

垂直升降类机械式停车库　　　简易升降类机械式停车库

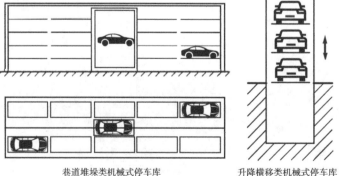

巷道堆垛类机械式停车库　　　升降横移类机械式停车库

图5-13　机械式停车楼

资料来源：
图5-13选自《机械式停车库工程技术规范》（JGJ/T 326-2014）。

居住区配套设施的停车场（库）要求

注释

　　停车场（库）属于静态交通设施，它的合理设置与道路网的规划具有同样重要的意义。配套设施配建机动车数量较多时，应尽量减少地面停车。居住区人流量较多的商场、街道综合服务中心机动车停车场（库）的设置宜采用地下停车、停车楼或机械式停车设施，节约集约利用土地（图 5-14）。

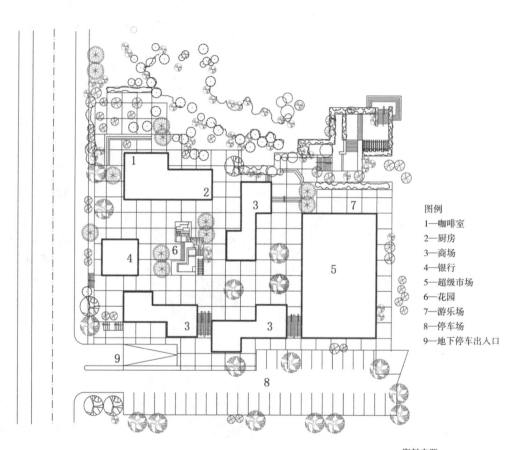

图例
1—咖啡室
2—厨房
3—商场
4—银行
5—超级市场
6—花园
7—游乐场
8—停车场
9—地下停车出入口

图 5-14　居住区商场、街道综合服务中心车辆停放

资料来源：
朱家瑾.居住区规划设计 [M].北京：
中国建筑工业出版社，2007:96.

居住区配套设施的停车场（库）要求

注释

非机动车配建指标宜考虑共享单车的发展，标准设定的控制指标未包括共享单车的停车指标。在居住区人流较多的地区、居住街坊出入口处提高配建标准，并预留共享单车停放区域（图5-15）。

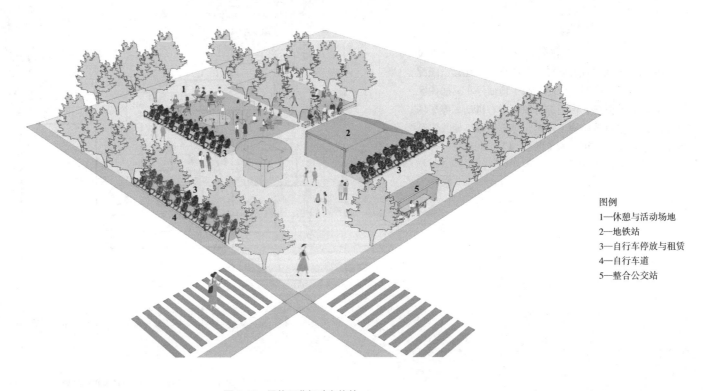

图例
1—休憩与活动场地
2—地铁站
3—自行车停放与租赁
4—自行车道
5—整合公交站

图 5-15　居住区非机动车停放

居住区内的居民停车场（库）的设置要求

5.0.6 居住区应配套设置居民机动车和非机动车停车场（库），并应符合下列规定：

1 机动车停车应根据当地机动化发展水平、居住区所处区位、用地及公共交通条件综合确定，并应符合所在地城市规划的有关规定；

2 地上停车位应优先考虑设置多层停车库或机械式停车设施，地面停车位数量不宜超过住宅总套数的10%；

注释

使用多层停车库和机械式停车设施，可以有效节省机动车停车占地面积，充分利用空间。对地面停车率进行控制的目的是保护居住环境，在采用多层停车库或机械停车设施时，地面停车位数量应以标准层或单层停车数量进行计算。新建住宅配建停车位，应预留充电基础设施安装条件，按需要建设充电基础设施（图5-16）。

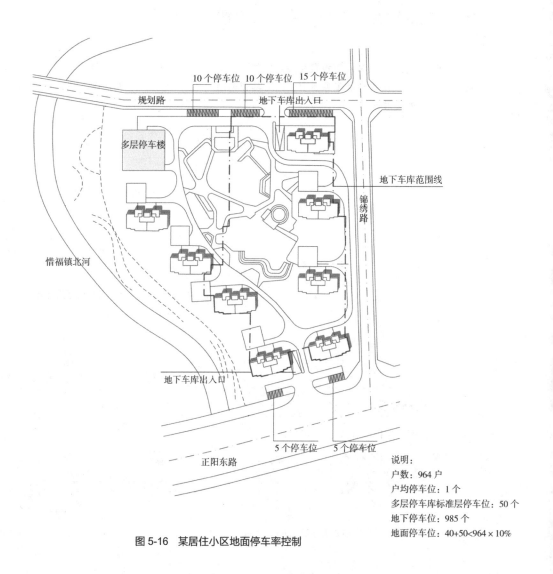

说明：
户数：964户
户均停车位：1个
多层停车库标准层停车位：50个
地下停车位：985个
地面停车位：40+50<964×10%

图5-16 某居住小区地面停车率控制

居住区内的居民停车场（库）的设置要求

3 机动车停车场（库）应设置无障碍机动车位，并应为老年人、残疾人专用车等新型交通工具和辅助工具留有必要的发展余地；

注释

无障碍停车位应靠近建筑物出入口，方便轮椅使用者到达目的地。随着交通技术的迅速发展，新型交通工具也不断出现，如残疾人专用车、老年代步车等，停车场（库）的布置应为此留有发展余地（图5-17~图5-19）。

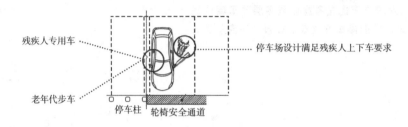

图5-18 无障碍停车位适应老年人代步车、残疾人专用车等新型交通工具和辅助工具的要求

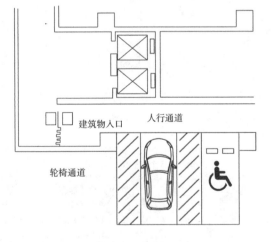

图5-17 无障碍机动车位靠近建筑出入口

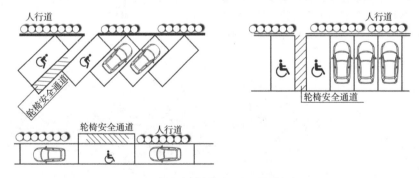

图5-19 无障碍机动车位与安全通道的布置

居住区内的居民停车场（库）的设置要求

4 非机动车停车场（库）应设置在方便居民使用的位置；

注释

非机动车停车场（库）的布局应考虑使用方便，以靠近居住街坊出入口为宜。当城市使用电动自行车的居民较多时，鼓励新建居住区根据实际需要，在室外安全且不干扰居民生活的区域，集中设置电动自行车停车场；有条件的宜配置充电控制设施，进行集中管理（图5-20）。

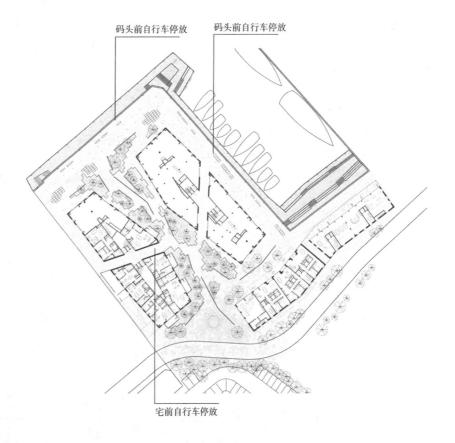

码头前自行车停放   码头前自行车停放

宅前自行车停放

图 5-20 哥本哈根 Krøyers Plads 住宅设计

资料来源：
图 5-20 由 COBE 设计
公司提供。

居住区内的居民停车场（库）的设置要求

　　5　居住街坊应配置临时停车位；

注释

　　在居住街坊出入口外应安排访客临时停车位，为访客、出租车和公共自行车等提供停放位置，维持居住区内部的安全及安宁（图5-21、图5-22）。

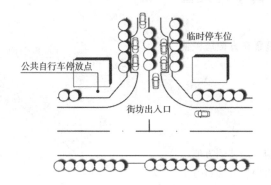

图5-21　临时停车位、出租车、公共自行车停放

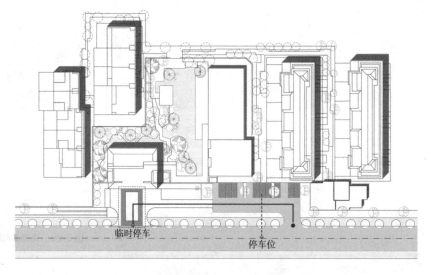

图5-22　某居住街坊入口停车空间组织

居住区内的居民停车场（库）的设置要求

6 新建居住区配建机动车停车位应具备充电基础设施安装条件。

如图 5-23、图 5-24 所示。

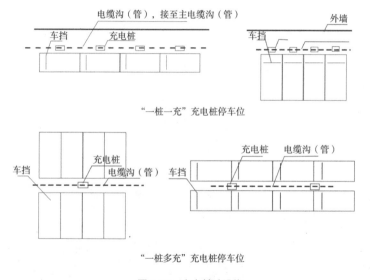

图 5-23　充电基础设施

资料来源：
图 5-23 选自《电动汽车充电基础设施规划设计标准》（DB11/T 1455—2017）。

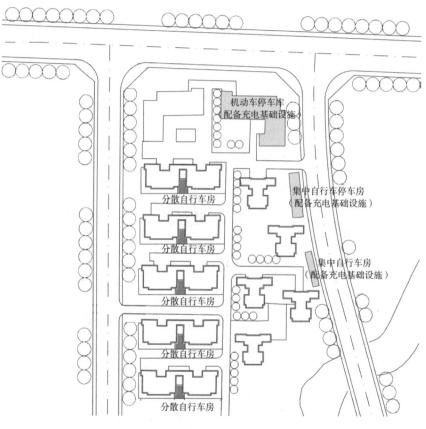

图 5-24　某居住小区非机动车停放、充电案例

6　道路

居住区内道路规划建设的基本原则

6.0.1 居住区内道路的规划设计应遵循安全便捷、尺度适宜、公交优先、步行友好的基本原则，并应符合现行国家标准《城市综合交通体系规划标准》GB/T 51328 的有关规定。

注释

居住区道路是城市道路交通系统的组成部分，也是承载城市生活的主要公共空间。居住区道路的规划建设应体现以人为本，提倡绿色出行，综合考虑城市交通系统特征和交通设施发展水平，满足城市交通通行的需要，融入城市交通网络，采取尺度适宜的道路断面形式，优先保证步行和非机动车的出行安全、便利和舒适，形成宜人宜居、步行友好的城市街道（图 6-1）。

现行国家标准《城市综合交通体系规划标准》GB/T 51328 指出：在城市发展向绿色发展和以人为中心转型、关注城市宜居和居民生活质量的时代背景下，城市综合交通体系发展的价值观也需要转变。交通规划将绿色与公平、安全、高效作为城市交通发展的重要目标和原则。在充分发挥机动交通提升城市效率作用的同时，更加关注绿色出行的安全和便捷，以及城市交通系统整体资源消耗与碳排放降低。

绿色交通（green transport）：客货运输中，按人均或单位货物计算，占用城市交通资源和消耗的能源较少，污染物和温室气体排放水平较低的交通活动或交通方式。如采用步行、自行车、集约型公共交通等方式的出行。

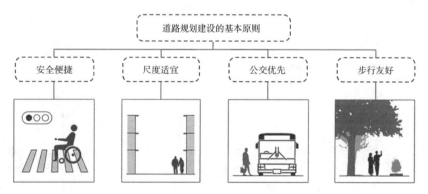

图 6-1 道路规划建设的基本原则

路网系统的规划建设要求

6.0.2 居住区的路网系统应与城市道路交通系统有机衔接，并应符合下列规定：

1 居住区应采取"小街区、密路网"的交通组织方式，路网密度不应小于8km/km²；城市道路间距不应超过300m，宜为150~250m，并应与居住街坊的布局相结合。

注释

居住区路网系统是城市道路交通系统的有机组成部分，城市道路是划分、围合各等级生活圈居住区的基础边界，是组织各生活圈的骨架，是居民通往各等级生活配套设施的必要途径。

按照城市道路所承担的城市活动特征，城市道路应分为干线道路、支线道路以及联系两者的集散道路三个大类；城市快速路、主干路、次干路、和支路四个中类和八个小类（现行《城市综合交通体系规划标准》GB/T 51328）（图6-2）。

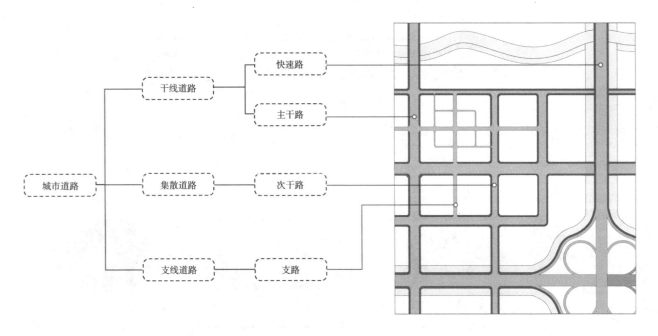

图6-2 居住区路网系统是城市道路交通系统的有机组成部分

路网系统的规划建设要求

居住区交通组织的影响因素：影响居住区交通组织的主要因素是居住区的居住人口规模、规划布局形式、用地周围的交通条件、居民的出行方式与行为轨迹和本地区的地理气候条件等，同时还要考虑路网分隔的各个地块能否安排下不同功能要求的建设内容（图6-3）。

《中共中央国务院关于进一步加强城市规划建设管理工作的若干意见》针对优化街区路网结构，对城市生活街区的道路系统规划提出了明确要求，指出"树立'窄马路、密路网'的城市道路布局理念"。

路网密度：一定范围内的道路总里程与该范围面积的比值（图6-4）。

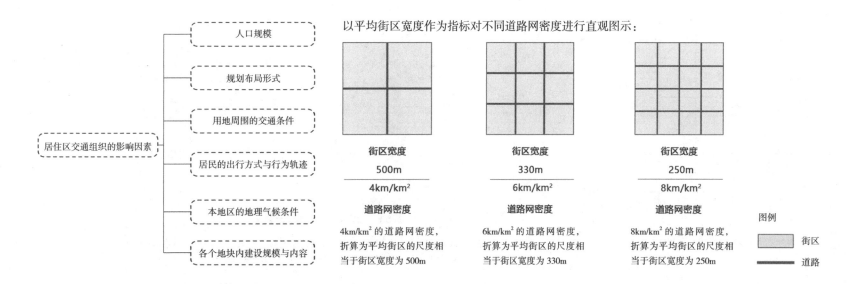

以平均街区宽度作为指标对不同道路网密度进行直观图示：

街区宽度	街区宽度	街区宽度
500m	330m	250m
4km/km²	6km/km²	8km/km²
道路网密度	道路网密度	道路网密度
4km/km²的道路网密度，折算为平均街区的尺度相当于街区宽度为500m	6km/km²的道路网密度，折算为平均街区的尺度相当于街区宽度为330m	8km/km²的道路网密度，折算为平均街区的尺度相当于街区宽度为250m

图例

▢ 街区

▬ 道路

图 6-3 居住区交通组织的影响因素

图 6-4 不同尺度的街区路网密度示意图

路网系统的规划建设要求

注释

  本标准通过限定街坊规模、限制道路间距，落实《中共中央国务院关于进一步加强城市规划建设管理工作的若干意见》提出的"窄马路，密路网"城市道路布局理念的要求，有利于优化街区路网结构，实现居住区路网系统和城市交通系统的有机衔接。

  居住区内的城市路网密度应符合现行国家标准《城市综合交通体系规划标准》GB/T 51328 对居住功能区路网密度的要求，不应小于 $8km/km^2$，居住区内城市道路间距不应超过300m。居住街坊是构成城市居住区的基本单元，一般由城市道路围合。本标准推荐采用更小的道路间距150~250m，形成 $2{\sim}4hm^2$ 的居住街坊（图6-5、图6-6）。

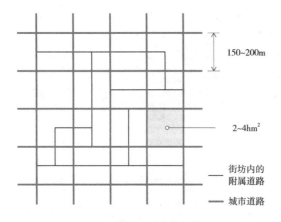

图6-5 街坊规模和道路间距要求

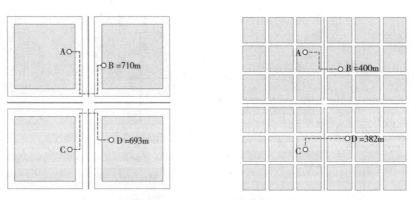

图6-6 小街区密路网模式示意图

通过打破超大街区（左）的封闭性以及缩短过街距离，密格网街区（右）中任意两点间的出行距离大大缩短。城市支路沿线更容易产生随机消费及双侧商业联动，更适合社区商业发展

资料来源：
《中国主要城市道路网密度监测报告》住房和城乡建设部城市交通工程技术中心，中国城市规划设计研究院，北京四维图新科技股份有限公司，2018年。

路网系统的规划建设要求

注释

　　小街区密路网模式可以缩短出行距离，提高对服务设施的可达性，增加沿街面长度和交叉口数量，提高活力，限制车速，提高安全性，还可以节省道路面积（图6-7~图6-9）。

类别	街区尺度/m		路网密度/（km/km²）
	长	宽	
居住区	≤ 300	≤ 300	≥ 8
商业区与就业集中的中心区	100~200	100~200	10~20
工业区、物流园区	≤ 600	≤ 600	≥ 4

　　注：工业区与物流园区的街区尺度根据产业特征确定，对于服务型园区，街区尺度应小于300m，路网密度应大于8km/km²。

图6-7　不同功能区的街区尺度推荐值

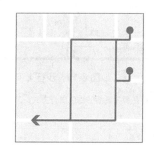

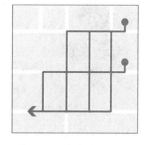

图6-8　小街区密路网模式示意图（一）

将大尺度街坊变为小尺度街坊后，大大增加了可供选择的路径，疏解并分散城市道路上的人流

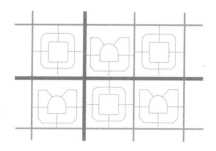

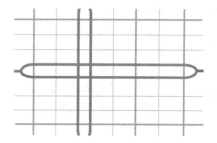

图6-9　小街区密路网模式示意图（二）

与超大街区相比，用城市格网可以节省道路占地面积。上图道路用地85hm²，下图道路用地66hm²

资料来源：
图6-7选自现行国家标准《城市综合交通体系规划标准》GB/T 51328；图6-8、图6-9卡尔索普，杨保军，张泉著《TOD在中国》，中国建筑工业出版社，2014。

路网系统的规划建设要求

　　2　居住区内的步行系统应连续、安全、符合无障碍要求，并应便捷连接公共交通站点；

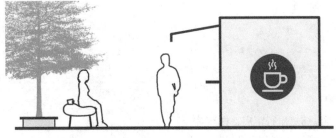

图 6-10　步行上下班途中购买饮品或街头小憩

步行是最为灵活的绿色出行方式，是产生随机活动、自发出行概率最高的出行方式

注释

　　步行是居民出行的基本方式，承担了所有交通方式的终端出行，步行出行还有助于增强城市公共空间活力、推动经济繁荣（图 6-10、图 6-11）。

　　现行国家标准《城市综合交通体系规划标准》GB/T 51328 第 10.2.1 条规定"除城市快速路主路外，城市快速路辅路及其他各级城市道路红线内均应优先布置步行交通空间"（图 6-12）。

图 6-11　由车行优先转换为步行优先

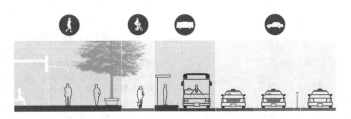

图 6-12　道路断面规划保证绿色交通优先路权

路网系统的规划建设要求

注释

居住区内的步行系统应连续、安全、采用无障碍设计，符合现行国家标准《无障碍设计规范》GB 50763 中的相关规定，并连通城市街道、室外活动场所、停车场所、各类建筑出入口和公共交通站点。道路铺装应充分考虑轮椅顺畅通行，选择坚实、牢固、防滑、防摔的材质。

步行系统的连续是指设施网络的空间连贯性，除了各级道路上独立专用的有效通行空间，还应强调交叉口过街以及跨越障碍时设施的连续性。当不同地形标高的人行系统衔接困难时，应设置步行专用的人行梯道、扶梯、电梯等连接设施（图 6-13~ 图 6-17 ）。

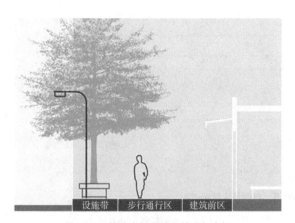

图 6-13　保障步行者的有效通行空间

人行道的构成：人行道由步行通行区、设施带、建筑前区等部分构成。步行通行区是供行人通行的有效通行空间，《城市步行和自行车交通系统规划设计导则》规定："步行和自行车道应通过各种措施与机动车道隔离，不应将绿化带等物理隔离设施改造为护栏或划线隔离，不得在人行道及自行车道上施划机动车停车泊位"

步行通行区应保持连贯、平整、避免不必要的高差；如有高差时，应设置斜坡等无障碍设施。步行通行区内必须设有安全、连续的盲道，保障盲人无障碍出行

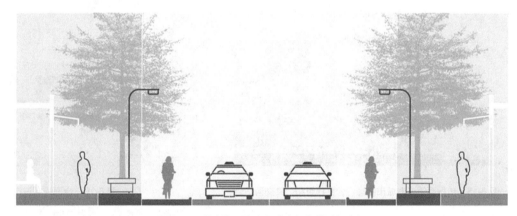

图 6-14　道路物理隔离保障步行有效通行空间

人行道最小宽度不应小于 2.5m，且应与车行道之间设置物理隔离

道路物理隔离（physical separation）：通过设置各类实体分隔设施，或通过地面标高区分，分隔不同交通工具通行空间、通行速度或功能的交通设施。一般有隔离栏、隔离墩、绿化带等（参照图 6-21）

资料来源：
城市步行和自行车交通系统规划设计导则，住房和城乡建设部，2013 年。

路网系统的规划建设要求

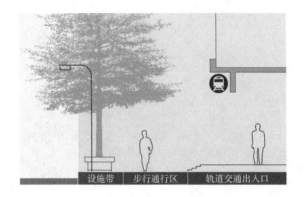

图6-15 步行系统连通城市街道、公共建筑和公共交通站点

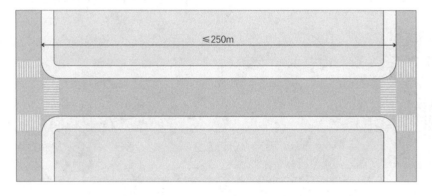

图6-16 合理控制过街设施间距，方便行人就近过街

根据过街需求合理控制过街设施间距，使行人能够就近过街。居住、商业等步行密集地区的过街设施间距不应大于250m

资料来源：
城市步行和自行车交通系统规划设计导则，住房和城乡建设部，2013年。

路网系统的规划建设要求

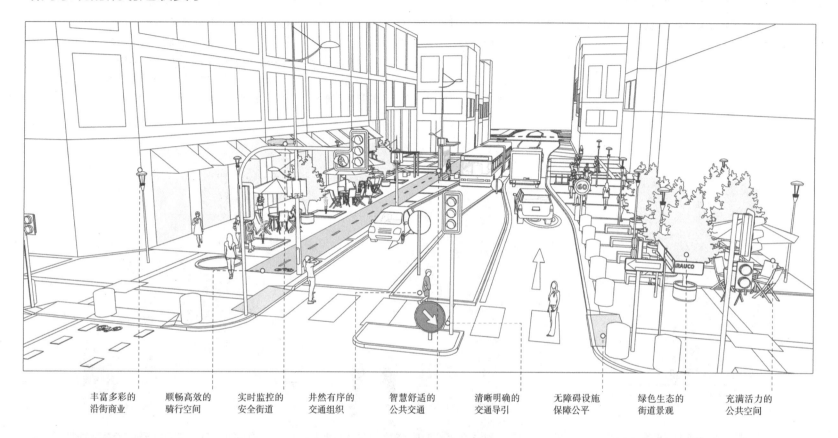

丰富多彩的　顺畅高效的　实时监控的　井然有序的　　智慧舒适的　　清晰明确的　　无障碍设施　　绿色生态的　　充满活力的
沿街商业　　骑行空间　　安全街道　　交通组织　　　公共交通　　　交通导引　　　保障公平　　　街道景观　　　公共空间

图6-17　连续的步行系统及无障碍设施示意图

人行系统中的无障碍设计主要包括人行道、人行横道、人行天桥及地道、公交车站。人行道在各种路口、各种出入口位置必须设置缘石坡道；人行横道两端必须设置路缘石坡道（《现行国家标准无障碍设计规范》GB 50763）

路网系统的规划建设要求

3 在适宜自行车骑行的地区，应构建连续的非机动车道；

注释

从地理和气候因素考虑，除了山地及现行国家标准《民用建筑设计统一标准》GB 50352中规定的严寒地区以外的城市，均适宜发展非机动车交通，城市道路资源配置应优先保障步行、非机动车和公共交通的路权要求。除城市快速路主路、步行专用路等不具备设置非机动车道的条件外，城市快速路辅路及其他各级城市道路均应设置连续的非机动车道，形成安全连续的自行车网络（图6-18~图6-21）。

图6-18 一条自行车道的标准宽度

自行车的运行轨迹不同于机动车，常做蛇形运动，其蛇形摆动左右两侧各约0.2m，因此一条单向自行车道的标准宽度是1.0m

图6-19 非机动车道的最小宽度不应小于2.5m

自行车行驶时净空宽度距路缘石的距离为0.25m。现行国家标准《城市综合交通体系规划标准》GB/T 51328第10.3.3条规定，非机动车道的最小宽度不应小于2.5m，为单向2辆自行车并列行驶时的宽度

图6-20 非机动车道内三轮车流量较大时宽度示意图

城市主次干路上的非机动车道，单向通行宽度不宜小于3.5m，双向通行不宜小于4.5m，并应与机动车交通之间采取物理隔离；当非机动车道内电动自行车、人力三轮车和物流配送非机动车流量较大时，非机动车道宽度应适当增加，宽度宜大于3.5m

路网系统的规划建设要求

图 6-21 独立专用的有效空间是非机动车交通安全通行的保障

车流量较大的道路应对机动车与非机动车进行硬质隔离；包括绿化带、简易分车带、栏杆等，人行道与非机动车道之间宜采用高差形式进行隔离，不宜设置连续的栏杆分隔

路网系统的规划建设要求

注释

在条件有限的情况下，城市道路资源配置应优先保障步行、非机动车交通和公共交通的路权要求。非机动车涵盖自行车、合规电动车、助动车等各类非机动化交通出行方式。非机动车交通系统应连续、安全，考虑公共租赁自行车的使用以及自行车接驳公共交通的功能，自行车交通系统还应与公共服务设施、公共交通站点等吸引点紧密衔接。非机动车交通系统需要规划停车设施。尤其是随着公共租赁自行车的大规模使用，自行车停放成为交通系统规划亟需解决的问题（图6-22、图6-23）。

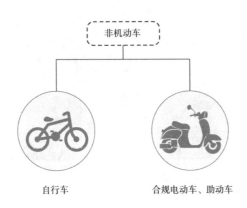

图6-22 非机动车包括自行车及合规电动车、助动车等各类
非机动化交通出行方式

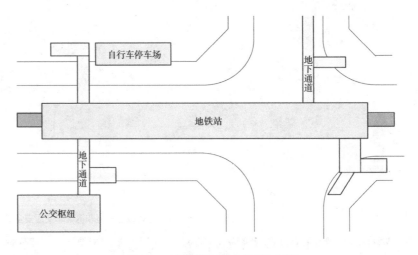

图6-23 地铁站附近的自行车停车场

自行车是解决轨道交通出行"最后一公里"的重要方式
为加强地铁与自行车的无缝接驳，规范引导自行车在地铁站口的停放，厦门市制定了《厦门市轨道交通一体化衔接规划》，规划要求所有轨道站点须设自行车停放场，停放场地应尽量靠近站点出入口，距离不宜超过50m

路网系统的规划建设要求

4 旧区改建，应保留和利用有历史文化价值的街道、延续原有的城市肌理。

注释

　　道路是形成城市历史肌理的重要因素，对于需重点保护的历史文化名城、历史文化街区及有历史价值的传统风貌地段，应尽量保留原有道路的格局，包括道路宽度和线形、广场出入口、桥涵等，并结合规划，使传统的道路格局与现代化城市交通组织及设施（机动车交通、停车场库、立交桥、地铁出入口等）相协调。

　　历史城区内道路及交叉口的改造，应充分考虑历史街道的原有空间特征。对富有特色的街巷，应保持原有的空间尺度（图6-24）。

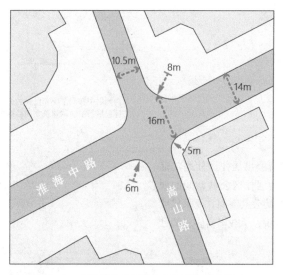

图6-24 保持原有的街道空间尺度和城市肌理

上海淮海中路与嵩山路交叉口为保护东南街角的历史建筑，街道交叉路口转角路缘石转弯半径仅5m，行人过街距离仅为16m，保留了原有的街道尺度和城市肌理

资料来源：
上海市街道设计导则，同济大学出版社，
2016。

居住区内各级城市道路的规划建设要求

6.0.3 居住区内各级城市道路应突出居住使用功能特征与要求，并应符合下列规定：

　　1　两侧集中布局了配套设施的道路，应形成尺度宜人的生活性街道；道路两侧建筑退线距离，应与街道尺度相协调；

注释

　　居住区内各级城市道路应突出居住区使用功能的特征与要求，要强调其作为居住区公共空间的属性。居住区内的道路作为重要的公共空间，要求尺度适宜、比例协调、传承历史风貌，承载丰富多彩的社区城市生活（图 6-25、图 6-26）。

图 6-25　完整街道示意图

两侧集中布局了配套设施的道路是生活性街道，街道本身也是进行城市活动的空间。街道不仅仅是道路红线内的"路"的概念，还包括了沿线的建筑立面和退界以及路面形成的 U 形空间

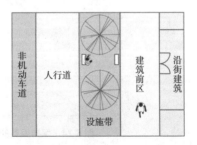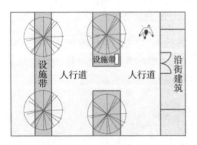

图 6-26　有机整合建筑退界空间、设施带、人行道为公共活动空间

两侧建筑适度退界，退界空间与建筑前区及人行道进行有机整合，通过整体空间环境设计形成开放连续、充满活力的公共活动场所。道路两侧退线距离过大时，长距离连续设置沿街绿地，会对行人使用街道两侧配套设施造成隔离，且浪费土地资源

居住区内各级城市道路的规划建设要求

注释

居住区街道设计应突破既有的"道路工程"设计思维，对市政设施、景观环境、沿街建筑、历史风貌等要素进行有机整合，通过整体空间环境设计塑造公共活动场所，统筹交通、生活休闲、游憩等各种功能需求，实现街道设施和功能的完整性，形成完整的街道空间（图6-27~图6-29）。

居住区的街道空间不仅包括红线内的范围，也包括建筑后退道路红线的空间。

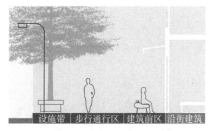

图 6-28　借用设施带扩大公共活动空间

沿路种植行道树，设置建筑挑檐、骑楼、雨篷，为行人和非机动车遮阳挡雨。鼓励利用建筑退界空间和借用设施带设置休憩设施或商业设施

建
筑
退
线
空
间

设
施
带

人
行
道

设
施
带

自
行
车
道

设
施
带

图 6-27　完整街道断面示意图

图 6-29　取消退界空间与人行道之间的高差，形成连续的步行及活动空间

商业街道与社区服务街道建筑首层、退界空间与人行道保持相同标高，形成开放、连续的室内外活动空间，增强街道的吸引力，提高街道两侧土地的价值

资料来源：
上海市街道设计导则，同济大学出版社，2016。

居住区内各级城市道路的规划建设要求

2 支路的红线宽度，宜为14~20m；

注释

支路是居住区主要的道路类型，现行国家标准《城市综合交通体系规划标准》GB/T 51328中，城市支路包括Ⅰ级和Ⅱ级两类，居住区内的支路多指该标准中的Ⅰ级支路，红线宽度宜为14~20m。居住区涉及历史文化街区内的道路、慢行专用路等Ⅱ级支路时，支路的红线宽度可酌情降低，以符合有关保护规划的相关规定（图6-30、图6-31）。

Ⅰ级支路：为短距离地方性活动组织服务；Ⅱ级支路：为短距离地方性活动组织服务的街坊内道路、步行、非机动车专用路等。

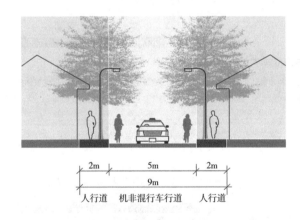

图6-30　涉及历史街区内的道路或慢行专用路时支路红线宽度可酌情降低

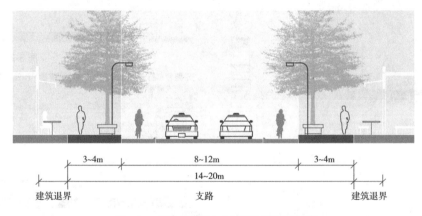

图6-31　居住区内城市支路道路断面示意图

居住区内各级城市道路的规划建设要求

3 道路断面形式应满足适宜步行及自行车骑行的要求，人行道宽度不应小于 2.5m；

注释

　　道路断面设计要考虑非机动车和人行道的便捷通畅，人行道宽度不应小于2.5m。同时需要考虑城市公共电、汽车的通行，有条件的地区可设置一定宽度的绿地种植道树和草坪花卉。城市道路的宽度应根据交通方式、交通工具、交通量及市政管线的敷设要求确定，并符合现行国家标准《城市综合交通体系规划标准》GB/T 51328 中的相关规定。现行国家标准《城市综合交通体系规划标准》GB/T 51328 第 10.2.3 条规定："人行道最小宽度不应小于 2.0m，且应与车行道之间设置物理隔离。"《城市步行和自行车交通系统规划设计导则》中定义人行道为路侧带中专供行人通行的部分，也称步行通行区或步行通行带，其宽度为步行道的有效宽度（图 6-32、图 6-33）。

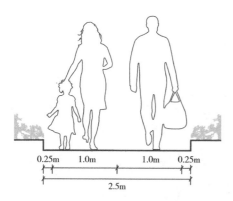

图 6-32 人行道最小宽度示意图

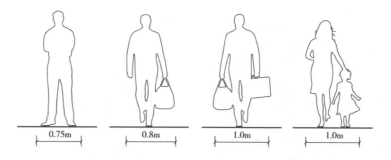

图 6-33 考虑多种步行可能性以及避让道路设施安全距离的人行道宽度

一条人行带平均宽度为 0.75m（单人行走无携带物品），人行道有效宽度应按人行带的倍数计算，考虑行人与建筑物外墙的距离以及避让道路设施的安全距离，还应宽一些。居住区街道上年老或年幼的行人和采购日常生活物品或携带婴儿车的行人较多，并有行人在两侧建筑橱窗前逗留，所需宽度相对通过性道路上的人行道宽度应该有所增加，因此本标准要求人行道宽度不应小于 2.5m

居住区内各级城市道路的规划建设要求

　　4　支路应采取交通稳静化措施，适当控制机动车行驶速度。

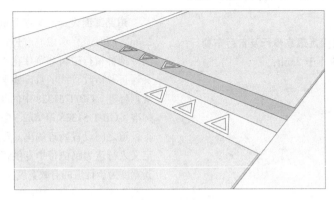

图 6-34　减速丘

注释

　　交通稳静化（traffic calming）是道路规划和设计中一系列工程和管理措施的总称，主要用在城市次干路、支路的规划设计中。通过在道路上设置物理设施，或通过立法、技术标准、通行管理等降低机动车车速、减少机动车流量，并控制过境交通进入，以改善道路沿线居民的生活环境，保障行人和非机动车的交通安全，也称"交通宁静化"。

　　交通稳静化措施包括减速丘、路段瓶颈化以及小交叉口转弯半径、路面铺装、视觉障碍等道路设计和管理措施（图 6-34~ 图 6-41）。

　　在行人与非机动车混行的路段，机动车车速不应超过 10km/h；机动车与非机动车混行路段，车速不应超过 25km/h。

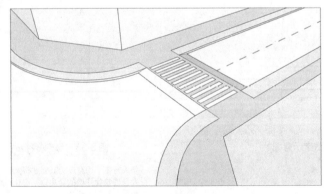

图 6-35　人行道路面抬高

资料来源：
现行国家标准《城市综合交通体系规划标准》GB/T 51328。

居住区内各级城市道路的规划建设
要求

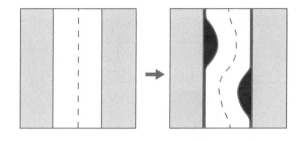

图 6-36　减速弯设计的车行道

减速弯设计，降低车辆行驶速度，增加绿地，绿化美化街景树木

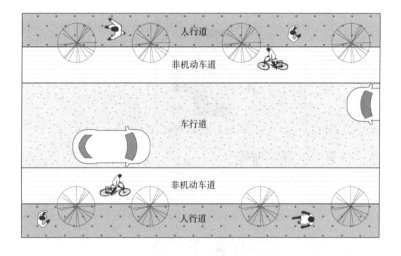

图 6-38　全铺装道路

彩色混凝土或特殊的地砖打破视觉上的路面宽阔，警示车辆降低车速，提高行人过街舒适性

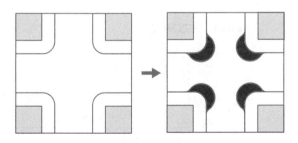

图 6-37　交叉口收缩

限制车行速度，缩短行人过街距离

居住区内各级城市道路的规划建设要求

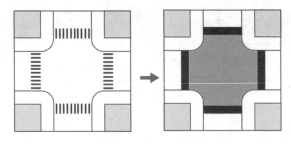

图 6-39　交叉口铺装

降低车速，增加人行道的连续性和安全性

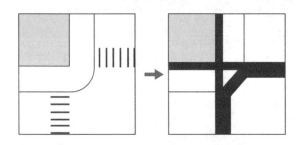

图 6-40　交叉口过街通道抬高

抬高过街通道与人行道相连，降低车速，增加步行过街和骑行过街安全性

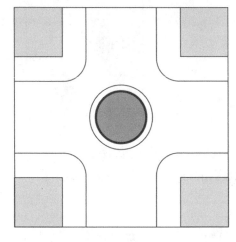

图 6-41　交叉口环岛设计

限制车速，美化街景树木和植被，改善行人过街的环境体验

居住街坊内附属道路的设计要求

6.0.4 居住街坊内附属道路的规划设计应满足消防、救护、搬家等车辆的通达要求，并应符合下列规定：

　　1　主要附属道路至少应有两个车行出入口连接城市道路，其路面宽度不应小于4.0m；其他附属道路的路面宽度不宜小于2.5m；

注释

　　根据其路面宽度和通行车辆类型的不同，居住街坊内的主要附属道路，应至少设置两个出入口，从而使道路不会呈尽端式格局，保证居住街坊与城市有良好的交通联系，同时保证消防、救灾、疏散等车辆通达的需要。但两个出入口可以是两个方向，也可以在同一个方向与外部连接（图6-42）。

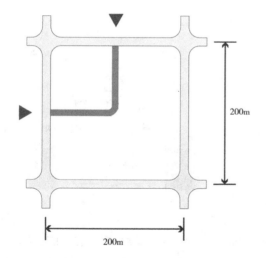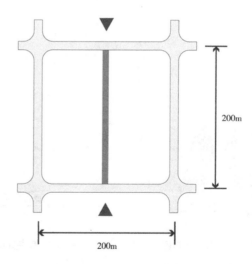

图6-42　主要附属道路应至少设置两个出入口

居住街坊内附属道路的设计要求

注释

居住区内道路应尽可能连续顺畅，以方便消防、救护、搬家、清运垃圾等车辆的通达。居住区内的道路设置应满足防火要求，其规划设计应符合现行国家标准《建筑设计防火规范》GB 50016 第 7 章中对消防车道、救援场地和入口等内容的相关规定。同时，居住区道路规划要与抗震防灾规划相结合。在抗震设防城市的居住区道路规划必须保证有通畅的疏散通道，并在因地震诱发的如电气火灾、水管破裂、煤气泄露等次生灾害时，能保证消防、救护、工程救险等车辆的通达（图 6-43~图 6-45）。

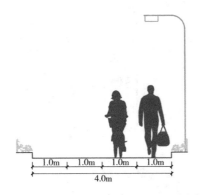

图 6-43　居住区主要附属道路断面示意图

主要附属道路一般按一条自行车道和一条人行带双向计算，路面宽度为 4.0m，同时也能满足现行国家标准《建筑设计防火规范》GB 50016 对消防车道的净宽度要求

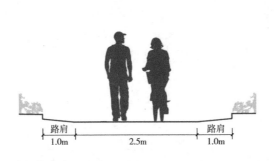

图 6-44　居住区其他附属道路的路面宽度不宜小于 2.5m

其他附属道路为进出住宅的最末一级道路，这一级道路平时主要供居民出入，以自行车及人行交通为主，并要满足清运垃圾、救护和搬运家具等需要，按照居住区内部有关车辆低速缓行的通行宽度要求，轮距宽度为 2.0~2.5m，其路面宽度一般为 2.5~3.0m。为兼顾必要时大货车、消防车的通行，其附属道路路面两边应各留出宽度不小于 1m 的路肩

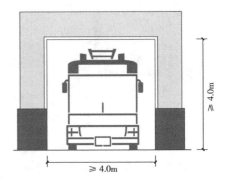

图 6-45　消防车道的净宽度和净空高度

现行国家标准《建筑设计防火规范》GB 50016 规定：消防车道的净宽度和净空高度均不应小于 4.0m；转弯半径应满足消防车转弯的要求

居住街坊内附属道路的设计要求

2 人行出入口间距不宜超过 200m；

注释

《中共中央国务院关于进一步加强城市规划建设管理工作的若干意见》中明确要求"我国新建住宅要推广街区制，原则上不再建设封闭住宅小区"。对人行出入口的规定是为了提升住宅小区的开放性，强调住区与城市的联系，同时也是为了保证行人出入的便利，缩短到达公共服务设施的步行距离，以及满足紧急情况发生时的疏散要求。如果居住街坊实施独立管理，也应按规定设置出入口，供应急时使用（图 6-46）。

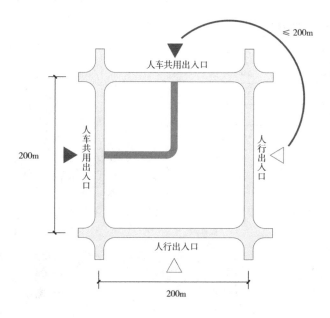

图 6-46 人行出入口间距不宜超过 200m

居住街坊内附属道路的设计要求

3　最小纵坡不应小于 0.3%，最大纵坡应符合表 6.0.4 的规定；机动车与非机动车混行的道路，其纵坡宜按照或分段按照非机动车道要求进行设计。

注释

对居住区道路最大纵坡的控制是为了保证车辆的安全行驶，以及步行和非机动车出行的安全和便利。在表 6.0.4 中，机动车的最大纵坡值 8% 是附属道路允许的最大数值，如地形允许，要尽量采用更平缓的平坡。山区由于地形等实际情况的限制，确实无法满足表 6.0.4 中的纵坡要求时，经技术经济论证可适当增加最大纵坡。在保证道路通达的前提下，尽可能保证道路坡度的舒适性。非机动车道的最大纵坡根据非机动车交通的要求确定，对于机动车与非机动车混行的路段，应首先保证非机动车出行的便利，其纵坡宜按非机动车道要求，或分段按非机动车道要求控制。设计道路最小纵坡是为了满足路面排水的要求，附属道路不应小于 0.3%（图 6-47）。

表 6.0.4　附属道路最大纵坡控制指标（%）

道路类别及其控制内容	一般地区	积雪或冰冻地区
机动车道	8.0	6.0
非机动车道	3.0	2.0
步行道	8.0	4.0

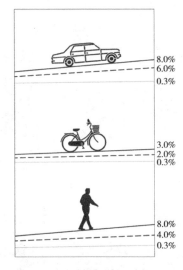

图 6-47　附属道路纵坡示意图

　　—— 最大纵坡　　　- - 最大纵坡　　　—— 最小纵坡
　　（一般地区）　　（积雪或冰冻地区）

居住区道路边缘与建筑物、构筑物的最小距离

6.0.5 居住区道路边缘至建筑物、构筑物的最小距离，应符合表6.0.5的规定。

注释

居住区道路边缘至建筑物、构筑物之间应保持一定距离，主要是考虑在建筑底层开窗开门和行人出入时不影响道路的通行及行人的安全，以防楼上掉下物品伤人，同时有利于地下管线的设置、地面绿化及减少对底层住户的视线干扰等因素。对于面向城市道路开设了出入口的住宅建筑应保持相对较宽的间距，从而使居民进出建筑物时可以有缓冲地段，并可在门口临时停放车辆以保障道路的正常交通（图6-48）。

表6.0.5 居住区道路边缘至建筑物、构筑物最小距离（m）

与建、构筑物关系		城市道路	附属道路
建筑物面向道路	无出入口	3.0	2.0
	有出入口	5.0	2.5
建筑物山墙面向道路		2.0	1.5
围墙面向道路		1.5	1.5

注：道路边缘对于城市道路是指道路红线；附属道路分两种情况：道路断面设有人行道时，指人行道的外边线；道路断面未设人行道时，指路面边线。

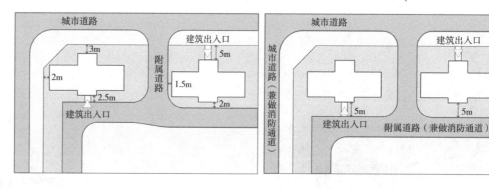

图6-48 居住区道路边缘与建筑物、构筑物的最小距离

居住区道路边缘与建筑物、构筑物的最小距离

注释

当居住区道路兼做消防通道使用时,道路边缘至建筑物、构筑物的最小距离,还应符合现行国家标准《建筑设计防火规范》GB 50016 的相关规定。

按照现行国家标准《建筑设计防火规范》GB 50016 的规定:车道的净宽度和净空高度均不应小于 4.0m;转弯半径应满足消防车转弯的要求;消防车道与建筑之间不应设置妨碍消防车操作的树木、架空管线等障碍物;消防车道靠建筑外墙一侧的边缘距离建筑外墙不宜小于 5m(图 6-49~图 6-52)。

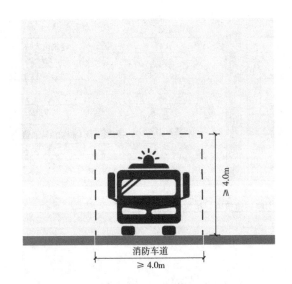

图 6-49 消防车道的净宽度和净空高度均不应小于 4.0m

虚框范围内不应有障碍

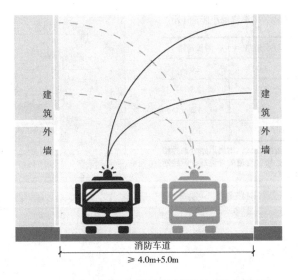

图 6-50 消防车道两侧均紧邻建筑外墙时的宽度要求

资料来源:
选自《建筑设计防火规范》图示
18J811-1,中国计划出版社,2018。

居住区道路边缘与建筑物、构筑物的最小距离

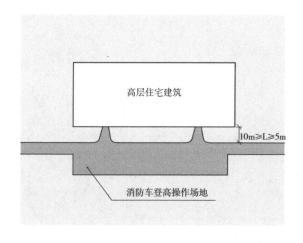

图6-51 消防车道靠建筑外墙一侧的边缘距离建筑外墙不宜小于5m

高层住宅建筑应设置环形消防车道。高层住宅建筑、山坡地或河道边临空建造的高层民用建筑，可沿建筑的一个长边设置消防车道，但该长边所在建筑立面应为消防车登高操作面

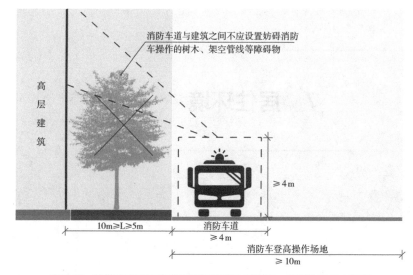

图6-52 兼做消防通道时居住区道路边缘与建筑物、构筑物的最小距离

1. 消防车登高操作场地长≥15m，宽度≥10m；当建筑高度>50m时，消防车登高操作场地的长度≥20m，宽度≥10m
2. 场地应与消防车道连通，场地靠外墙一侧的边缘距离建筑外墙不宜小于5m，且不应大于10m，场地坡度不宜大于3%
3. 虚框范围内不应有障碍

资料来源：
选自《建筑设计防火规范》图示18J811-1，中国计划出版社，2018。

7 居住环境

尊重自然条件

7.0.1　居住区规划设计应尊重气候及地形地貌等自然条件，并应塑造舒适宜人的居住环境。

注释

　　居住区用地的日照、气温、风等气候条件，地形、地貌、地物等自然条件，用地周边的交通、设施等外部条件以及地方习俗等文化条件，都将影响着居住区的建筑布局和环境塑造。因而，居住区应通过不同的规划手法和处理方式，将居住区内的住宅建筑、配套设施、道路、绿地景观等规划内容进行全面、系统地组织和安排，使其成为有机整体，为居民创造舒适宜居的居住环境，体现地域特征、民族特色和时代风貌（图7-1）。

图7-1　杭州九溪玫瑰园总平面图

形成公共空间系统

7.0.2 居住区规划设计应统筹庭院、街道、公园及小广场等公共空间形成连续、完整的公共空间系统，并应符合下列规定：

　　1 宜通过建筑布局形成适度围合、尺度适宜的庭院空间；

　　如图 7-2 所示。

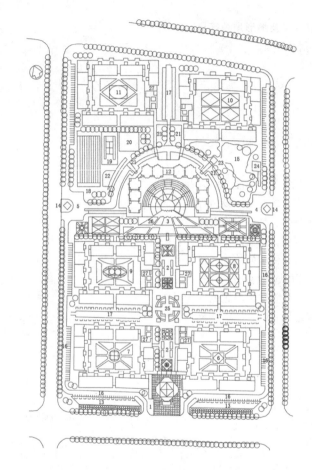

1—主入口	15—中国园林
2—林荫步行广场	16—停车场
3—中央主广场	17—停车场
4—东入口	18—游泳池
5—西入口	19—网球场
6—荷花苑（栋）	20—门球场
7—菊花苑（栋）	21—架空通廊
8—百合苑（栋）	22—俱乐部
9—玫瑰苑（栋）	23—休息亭
10—牡丹苑（栋）	24—热交换站
11—梅花苑（栋）	25—喷泉雕塑
12—综合苑（栋）	26—地下停车场
13—沿街公建	27—住栋公建
14—警卫室	

图 7-2 "集住体"某住宅设计竞赛获奖方案

资料来源：
同济大学建筑城规学院．城市规划资料集（第 7 分册）城市居住区规划 [M]．北京：中国建筑工业出版社，2005．

形成公共空间系统

注释

　　建筑的适度围合可形成庭院空间（如 L 形建筑和 U 形建筑两翼之间的围合区），应注意控制其空间尺度（如建筑的 D/H 宽高比等），形成具有一定围合感、尺度宜人的居住庭院空间，避免产生天井式等负面空间效果（图 7-3）。

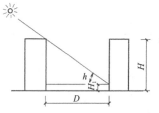

平地日照间距：$D = \dfrac{H - H_1}{\tan h}$

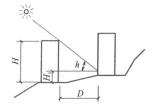

向阳坡日照间距：$D = \dfrac{H - H_1}{\tan h}$

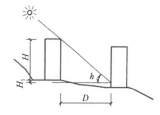

背阳坡日照间距：$D = \dfrac{H + H_1}{\tan h}$

图 7-3　日照间距图示

以房屋长边向阳，朝向正南，以正午太阳照到房屋底层的窗台为依据
h —正午太阳高度角
H —前栋房屋檐口至地面高度
H_1 —后栋房屋的窗户至前栋房屋地面高度

形成公共空间系统

2　应结合配套设施的布局塑造连续、宜人、有
活力的街道空间；

如图 7-4、图 7-5 所示。

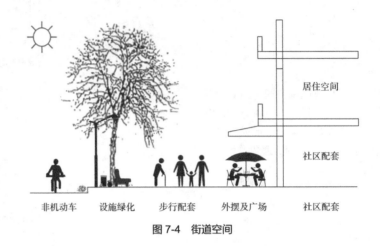

图 7-4　街道空间

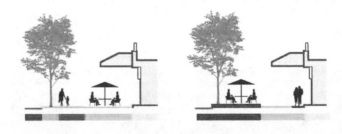

图 7-5　建筑前区

资料来源：
选自《南京市街道设计导则
（试行）》。

形成公共空间系统

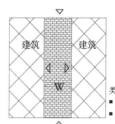

类型 1：公共空间邻城市干道
- 公共空间宜设置在建筑南侧
- 不宜邻城市主干道
- 邻城市干道宽度不宜过宽
- 邻干道不宜设施过多出入口

类型 4：公共空间设置在建筑之间
- 建筑间距 W ≥ 12m
- 建议建筑邻公共空间开口

注释

作为公共空间的重要组成部分，宜人而有活力的街道空间有利于增添居住区活力、方便居民生活、促进居民交往。通过街道的线型空间，可沿街布置商业服务业、便民服务等居住区配套设施，并将重要的公共空间和配套设施进行连接。在街道空间的塑造上，应优化临街界面，对临街建筑宽度、体量、贴线率等指标进行控制，优化铺地、树木、照明设计，形成界面连续、尺度宜人、富有活力的街道空间（图7-6）。

类型 2：公共空间邻城市支路
- 公共空间宜设置在建筑南侧
- 建议空间长边邻支路
- 公共空间进深 H ≥ 12m
- 建议增加开口

类型 5：公共空间邻街角（邻干道）
- 避免两侧邻城市干道
- 空间较长边邻支路
- 出入口尽量设置在支路上
- 公共空间进深 H ≥ 12m

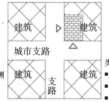

类型 3：公共空间设置在道路两侧
- 不宜在干道两侧设置
- 考虑穿行安全交通

类型 6：公共空间邻街角（邻支路）
- 鼓励邻支路设置公共空间
- 空间较长边邻支路
- 出入口尽量设置在支路上

图 7-6 公共空间设置位置建议

资料来源：
上海市规划和国土资源管理局，15分钟社区生活圈规划导则：规划、建设导引及行动指引（居住社区）意见征询稿，2016 年 5 月。

形成公共空间系统

3 应构建动静分区合理、边界清晰连续的小游园、小广场；

注释

各级居住区公园绿地应构成便于居民使用的小游园和小广场，作为居民集中开展各种户外活动的公共空间，并宜动静分区设置。动区供居民开展丰富多彩的健身和文化活动，宜设置在居住区边缘地带或住宅楼栋的山墙侧边。静区供居民进行低强度、较安静的社交和休息活动，宜设置在居住区内靠近住宅楼栋的位置，并和动区保持一定距离。通过动静分区，各场地之间互不干扰，塑造和谐的交往空间，使居民既有足够的活动空间，又有安静的休闲环境。在空间塑造上，小游园和小广场宜通过建筑布局、绿化种植等进行空间限定，形成具有围合感、界面丰富、边界清晰连续的空间环境（图7-7、图7-8）。

图7-7 某小区小品景观一隅

*仅有步行通行区   *步行通行区+建筑前区   *步行通行区+设施带   *设施带+步行通行区+建筑前区

图7-8 连续完整的公共空间系统

形成公共空间系统

4 宜设置景观小品美化生活环境。

注释

景观小品是居住环境中的点睛之笔，通常体量较小，兼具功能性和艺术性于一体，对生活环境起点缀作用。居住区内的景观小品一般包括雕塑、大门、壁画、亭台、楼阁等建筑小品，座椅、邮箱、垃圾桶、健身游戏设施等生活设施小品，路灯、防护栏、道路标志等道路设施小品。景观小品的设计应选择适宜的材料，并应综合考虑居住区的空间形态和尺度以及住宅建筑的风格和色彩。景观小品布局应综合考虑居住区内的公共空间和建筑布局，并考虑老年人和儿童的户外活动需求，进行精心设计，体现人文关怀（图7-9、图7-10）。

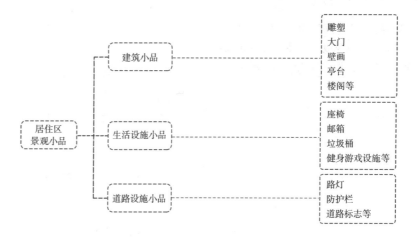

图7-9 居住区景观小品的分类

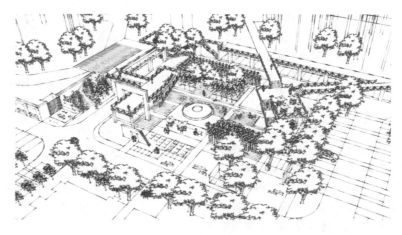

图7-10 某小区景观小品鸟瞰图

与城市整体风貌相协调

7.0.3 居住区建筑的肌理、界面、高度、体量、风格、材质、色彩应与城市整体风貌、居住区周边环境及住宅建筑的使用功能相协调，并应体现地域特征、民族特色和时代风貌。

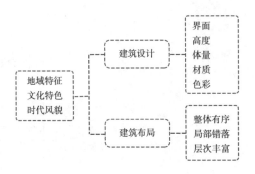

图 7-11 居住区的建筑设计

注释

居住区内的建筑设计应形式多样，建筑布局应层次丰富。但这种多样性和丰富性并不单纯体现在颜色多和群体组合花样多等方面，应该强调的是与城市整体风貌相协调，强调与相邻居住区和周边建筑空间形态的协调与融合。盲目地求多样、求丰富、求变化，难免会产生杂乱无章、空间零碎的结果。因此，应在居住区的规划设计中运用城市设计的方法进行指引：对于建筑设计，应以地区及城市的全局视角来审视建筑设计的相关要素，有效控制高度、体量、材质、色彩的使用，并与其所在区域环境相协调；对于建筑布局，应结合用地特点，加强群体空间设计，延续城市肌理，呼应城市界面，形成整体有序、局部错落、层次丰富的空间形态，进而形成符合当地的地域特征、文化特色和时代风貌的空间和景观环境（图 7-11、图 7-12）。

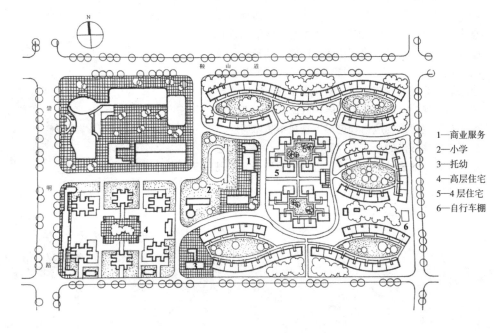

1—商业服务
2—小学
3—托幼
4—高层住宅
5—4 层住宅
6—自行车棚

图 7-12 天津西湖村三小区规划总平面图

绿地的设计原则

7.0.4 居住区内绿地的建设及其绿化应遵循适用、美观、经济、安全的原则，并应符合下列规定：

　　1　宜保留并利用已有的树木和水体；

注释

　　居住区公共绿地的规划建设要求：居住区的绿化景观营造应充分利用现有场地的自然条件，宜保留和合理利用已有树木、绿地和水体（图 7-13）。

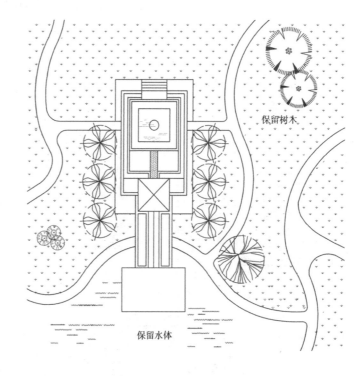

保留树木

保留水体

图 7-13　保留已有的树木和水体

绿地的设计原则

2　应种植适宜当地气候和土壤条件、对居民无害的植物；

注释

考虑到经济性和地域性原则，植物配置应选用适宜当地条件和适于本地生长的植物种类，以易存活、耐旱力强、寿命较长的地带性乡土树种为主。同时，考虑到保障居民的安全健康，应选择病虫害少、无针刺、无落果、无飞絮、无毒、无花粉污染、不易导致过敏的植物种类，不应选择对居民室外活动安全和健康产生不良影响的植物（图7-14）。

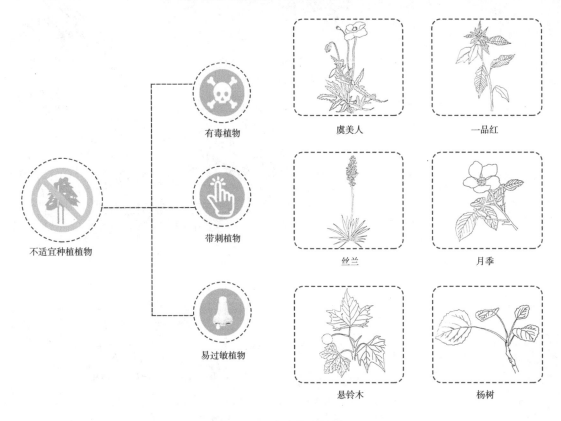

图 7-14　不适宜栽种的植物

绿地的设计原则

3 应采用乔、灌、草相结合的复层绿化方式；

注释

　　绿化应采用乔木、灌木和草坪地被植物相结合的多种植物配置形式，并以乔木为主，群落多样性与特色树种相结合，提高绿地的空间利用率，增加绿量，达到有效降低热岛强度的作用。注重落叶树与常绿树的结合和交互使用，满足夏季遮阳和冬季采光的需求。同时也使生态效益与景观效益相结合，为居民提供良好的景观环境和居住环境（图 7-15~ 图 7-17）。

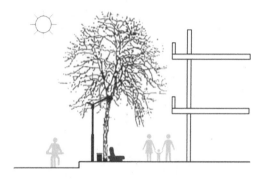

图 7-16　夏季乔木树叶遮挡阳光

图 7-15　乔、灌、草结合的复层绿化

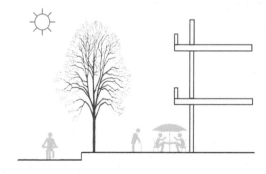

图 7-17　冬季落叶乔木树叶渗透阳光

绿地的设计原则

　　4　应充分考虑场地及住宅建筑冬季日照和夏季遮阴的需求；

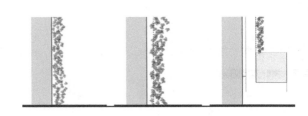

无支撑结构的间接型　有支撑结构的间接型　间接型生物墙
垂直绿化　　　　　　垂直绿化

图 7-18　垂直绿化的类型

注释

　　居住区用地的绿化可有效改善居住环境，可结合配套设施的建设充分利用可绿化的屋顶平台及建筑外墙进行绿化。居住区规划建设可结合气候条件采用垂直绿化、退台绿化、底层架空绿化等多种立体绿化形式，增加绿量，同时应加强地面绿化与立体绿化的有机结合，形成富有层次的绿化体系，进而更好地发挥生态效用，降低热岛强度（图 7-18）。

　　居住区绿地内的人行道路、休闲场所等公共活动空间，应符合无障碍设计的要求，并与居住区的无障碍系统相衔接。人行道经过车道以及与不同标高的人行道相连接时应设缘石坡道；坡道坡度不宜大于 2.5%，当大于 2.5% 时，变坡点应予以提示，并宜在坡度较大处设置扶手（图 7-19、图 7-20）。

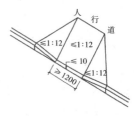

图 7-19　三面坡缘石坡道

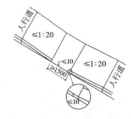

图 7-20　全宽式单面坡缘石坡道

为了行动不方便的人特别是乘轮椅者通过路口，人行道的路口需要设置缘石坡道。实践表明，当缘石坡道顺着人行道路的方向布置时，采用全宽式单面坡缘石坡道最为方便。其他类型的缘石坡道，如三面坡缘石坡道等可根据具体情况有选择性地采用

资料来源：
选自《无障碍设计规范》（GB 50763—2012）。

绿地的设计原则

    5   适宜绿化的用地均应进行绿化，并可采用
立体绿化的方式丰富景观层次、增加环境绿量；

    如图 7-21、图 7-22 所示。

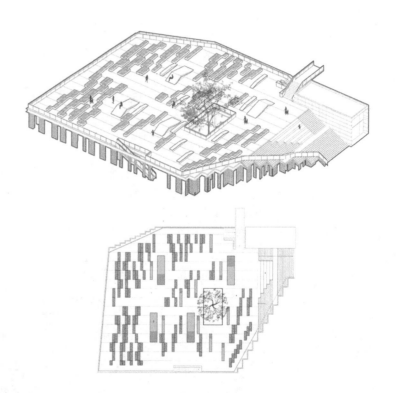

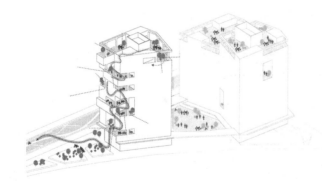

图 7-21　高雄社会住宅

图 7-22　种植平台和体验馆

资料来源：
图 7-21 由 Mecanoo Architecten 提供；
图 7-22 由深圳 - 墨照建筑设计事务所提供。

绿地的设计原则

6　有活动设施的绿地应符合无障碍设计要求
并与居住区的无障碍系统相衔接；

7　绿地应结合场地雨水排放进行设计，并宜
采用雨水花园、下凹式绿地、景观水体、干塘、树池、
植草沟等具备调蓄雨水功能的绿化方式。

注释

为减少雨水径流外排，居住区可以合理利用绿地，设计雨水花园、下凹式
绿地、景观水体以及干塘、树池、植草沟等绿色雨水设施，对区内雨水进行有
序汇集、入渗控制径流污染，起到调蓄减排的作用（图7-23）。

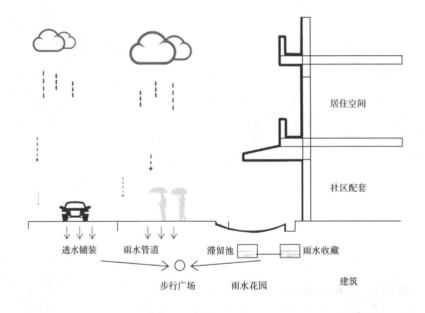

图 7-23　居住区雨水排放和收集

场地的透水性

7.0.5 居住区公共绿地活动场地、居住街坊附属道路及附属绿地的活动场地的铺装，在符合有关功能性要求的前提下应满足透水性要求。

注释

　　居住街坊内的道路应优先考虑道路交通的使用功能，在保证路面路基强度及稳定性等安全性要求的前提下，路面宜满足透水功能的要求，尽可能采用透水铺装，增加场地透水面积。地面停车场也应尽可能满足透水要求。同时，公共绿地中的小广场等硬质铺装应通过设计满足透水要求，实现雨水下渗至土壤或通过疏水、导水设施导入土壤，减少建设行为对自然生态系统的损害。在透水铺装的具体做法上，可根据不同功能需求、城市地理环境、气候条件选择适宜的形式，例如人行道及车流量和荷载较小的道路可采用透水沥青混凝土铺装，地面停车场可采用嵌草砖，公共绿地中的硬质铺装宜采用透水砖和透水混凝土铺装，公共绿地中的步行路可采用鹅卵石、碎石等透水铺装（图 7-24、图 7-25）。

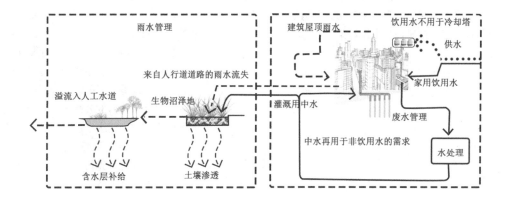

图 7-24 "水循环"系统示意图

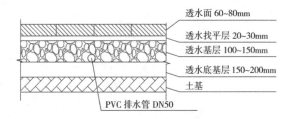

图 7-25 透水铺装结构图

资料来源：
图 7-24 选自 SOM 大望京规划设计。

照明设计

7.0.6 居住街坊内附属道路、老年人及儿童活动场地、住宅建筑出入口等公共区域应设置夜间照明；照明设计不应对居民产生光污染。

注释

    兼具功能性和艺术性的夜间照明设计，不仅可以丰富居民的夜间生活，同时也提高了居住区的环境品质。然而，户外照明设置不当，则可能会产生光污染并严重影响居民的日常生活和休息，因此户外照明设计应满足不产生光污染的要求。居住街坊内夜间照明设计应从居民生活环境和生活需求出发，夜间照明宜采用泛光照明，合理运用暖光与冷光进行协调搭配，对照明设计进行艺术化提升，塑造自然、舒适、宁静的夜间照明环境；在住宅建筑出入口、附属道路、活动场地等居民活动频繁的公共区域进行重点照明设计；针对居住建筑的装饰性照明以及照明标识的亮度水平进行限制，避免产生光污染影响（图7-26、图7-27）。

    另外，由太阳能热水器、光伏电池板等建筑设施设备的镜面反射材料引起的有害反射光也是光污染的一种形式，产生的眩光会让居民感到不适。因此，居住区的建筑设施设备设计，不应对居住建筑室内产生反射光污染。

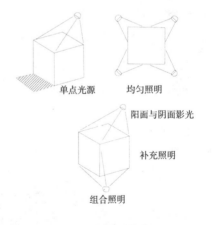

图7-26 不同角度的光源

图7-27 居住区照明设计

降低不利因素的干扰

7.0.7 居住区规划设计应结合当地主导风向、周边环境、温度湿度等微气候条件，采取有效措施降低不利因素对居民生活的干扰，并应符合下列规定：

1 应统筹建筑空间组合、绿地设置及绿化设计，优化居住区的风环境；

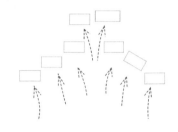

山体土堆引导气流风向，并阻挡不利风影响

注释

居住区的微气候是多种因素相互作用的共同结果，居住区规划布局应充分考虑自身所处的气候区，以及所在区域冬季、过渡季和夏季的主导风向和典型风速，以及地形变化而产生的地方风，使居住区的微气候满足防寒、保温的要求，有利于居民室外行走、活动的舒适和建筑的自然通风。对于严寒和寒冷地区以及沿海地区的不利主导风，应通过多种技术措施削弱和阻挡其对于居住区的不利影响。通常可以通过树木绿化、山体土堆布置建筑物及构筑物等方法阻挡不利风的影响。对于过渡季和夏季主导风向，可通过合理设置区域或用地内的微风通廊，有效控制建筑形体和宽度，在适当位置采用过街楼或首层架空等技术措施引导或加强通风，使居住街坊内保持适宜的风速，不出现涡旋或无风区，减少气流对区域微环境和建筑本身的不利影响。同时，高层住宅建筑群的规划布局应避免产生风洞效应，避免人行高度上产生"旋涡风"等不安全因素（图7-28、图7-29）。

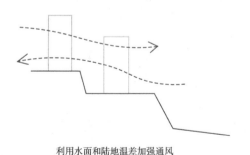

利用水面和陆地温差加强通风

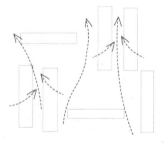

住宅疏密相间布置，密处风速加大，改善了内部通风

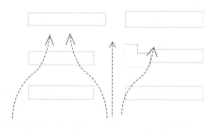

低层住宅或公建布置在多层住宅群之间，改善通风

图 7-28 住宅群体通风及防风措施

资料来源：
同济大学建筑城规学院.城市规划资料集（第7分册）城市居住区规划[M].北京：中国建筑工业出版社，2005.

降低不利因素的干扰

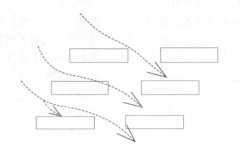

住宅错列布置增大迎风面，利用山墙间距，将气流导入住宅群内部

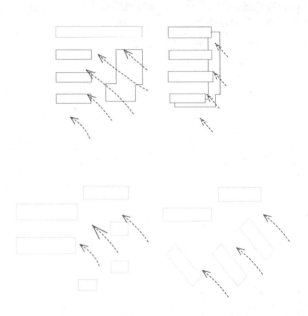

高底层住宅间间隔布置，或将低层住宅或底层公建布置在迎风面侧以利于进风

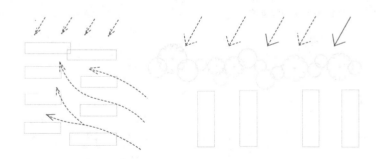

利用树木绿化起到导风或防风作用

图 7-29　住宅群体通风及防风措施

资料来源：
同济大学建筑城规学院．城市规划资料集（第 7 分册）城市居住区规划 [M]．北京：中国建筑工业出版社，2005.

降低不利因素的干扰

2 应充分利用建筑布局、交通组织、坡地绿化或隔声设施等方法，降低周边环境噪声对居民的影响；

3 应合理布局餐饮店、生活垃圾收集点、公共厕所等容易产生异味的设施，避免气味、油烟等对居民产生影响。

注释

本条依据现行国家标准《声环境质量标准》GB 3096 的相关规定，通过居住区室外环境噪声控制，保证居民在室内外活动时的良好声环境。针对居住区主要噪声源，可采取多种措施降低噪声对居住区室内外环境的负面影响，如优化建筑布局和交通组织方式，减少对居民生活的影响，优先遮挡或避开声级高的噪声源，设置绿化隔离带或噪声缓冲带、声屏障等隔声设施。此外，应采取相应的减振、消声和遮挡等技术措施降低居住区内部行人、居民活动和工作营业场所产生的噪声。

在居住区规划中，对于餐饮场所等容易产生气味和油烟的商业服务设施，以及生活垃圾收集点、公共厕所等容易产生异味的环卫设施，应进行合理布局，做好油烟排放设施或远离住宅建筑，减少对居民正常生活的负面影响。同时，对于上述设施应尽量采用封闭式设计（图7-30）。

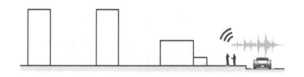

优化建筑布局，利用对噪声要求不高的临街建筑防止噪声

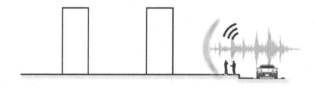

设置隔音屏障等隔音设施，降低噪声

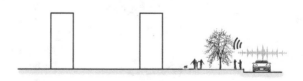

设置绿化隔离或噪声缓冲带，利用绿化降低噪声

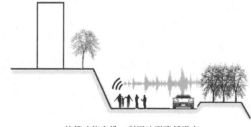

统筹功能安排，利用地形降低噪声

图 7-30 降低周边环境噪声对居民的影响

既有居住区的改造与更新

7.0.8 既有居住区对生活环境进行的改造与更新，应包括无障碍设施建设、绿色节能改造、配套设施完善、市政管网更新、机动车停车优化、居住环境品质提升等。

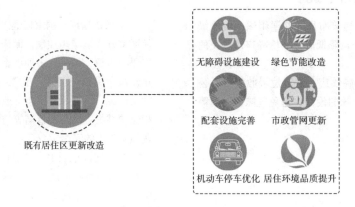

图 7-31 既有居住区改造与更新的内容

注释

　　鼓励既有居住区进行更新改造：既有居住区已出现不能满足当前居民生活需求的情况，如步行系统不满足无障碍设计的要求；硬质铺装未采用透水材料，绿地未能体现海绵城市建设的理念；缺少机动车停车场所导致乱停车，绿地、人行道等公共空间被占用；绿地及人行道缺少养护，市政管网老化、年久失修；居住环境退化等问题日渐突出，亟需综合改良，提升空间环境品质。各城市应针对上述问题制定政策措施，鼓励既有居住区进行更新改造，提升环境品质（图 7-31~图 7-33）。

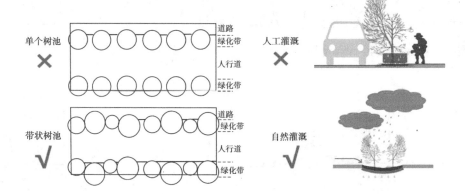

图 7-32 绿地生态设计

既有居住区的改造与更新

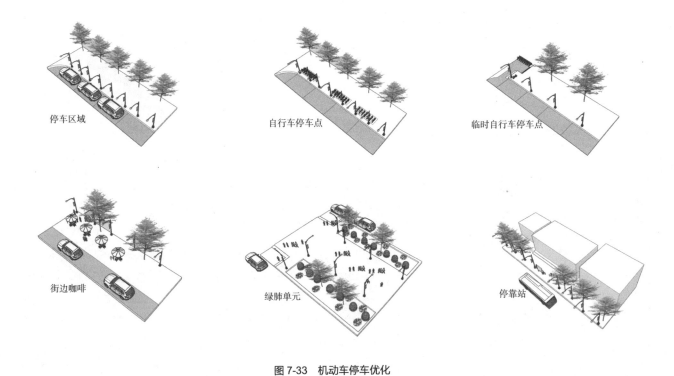

停车区域　　　　　自行车停车点　　　　临时自行车停车点

街边咖啡　　　　　绿肺单元　　　　　　停靠站

图 7-33　机动车停车优化

资料来源：
成都市城乡建设委员会；
成都市"小街区规制"建设技术导则
（2016 版）。

附录

附录 A 技术指标与用地面积计算方法

A.0.1 居住区用地面积应包括住宅用地、配套设施用地、公共绿地和城市道路用地，其计算方法应符合下列规定：

1 居住区范围内与居住功能不相关的其他用地以及本居住区配套设施以外的其他公共服务设施用地，不应计入居住区用地。

2 当周界为自然分界线时，居住区用地范围应算至用地边界。

3 当周界为城市快速路或高速路时，居住区用地边界应算至道路红线或其防护绿地边界。快速路或高速路及其防护绿地不应计入居住区用地。

4 当周界为城市干路或支路时，各级生活圈的居住区用地范围应算至道路中心线。

5 居住街坊用地范围应算至周界道路红线，且不含城市道路。

6 当与其他用地相邻时，居住区用地范围应算至用地边界。

7 当住宅用地与配套设施（不含便民服务设施）用地混合时，其用地面积应按住宅和配套设施的地上建筑面积占该幢建筑总建筑面积的比率分摊计算，并应分别计入住宅用地和配套设施用地。

A.0.2 居住街坊内绿地面积的计算方法应符合下列规定：

1 满足当地植树绿化覆土要求的屋顶绿地可计入绿地。绿地面积计算方法符合所在城市绿地管理的有关规定。

2 当绿地边界与城市道路临接时，应算至道路红线；当与居住街坊附属道路临接时，应算至路面边缘；当与建筑物临接时，应算至距房屋墙脚 1.0m 处；当与围墙、院墙临接时，应算至墙脚。

3 当集中绿地与城市道路临接时，应算至道路红线；当与居住街坊附属道路临接时，应算至距路面边缘 1.0m 处；当与建筑物临接时，应算至距房屋墙脚 1.5m 处。

A.0.3　居住区综合技术指标应符合表 A.0.3 的要求。

表 A.0.3　居住区综合技术指标

项目			计量单位	数值	所占比例（%）	人均面积指标（m²/人）
各级生活圈居住区指标	居住区用地	总用地面积	hm²	▲	100	▲
		其中　住宅用地	hm²	▲	▲	▲
		其中　配套设施用地	hm²	▲	▲	▲
		其中　公共绿地	hm²	▲	▲	▲
		其中　城市道路用地	hm²	▲	▲	—
	居住总人口		人	▲	—	—
	居住总套（户）数		套	▲	—	—
	住宅建筑总面积		万 m²	▲	—	—
居住街坊指标	用地面积		hm²	▲	—	▲
	容积率		—	▲	—	—
	地上建筑面积	总建筑面积	万 m²	▲	100	—
		其中　住宅建筑	万 m²	▲	▲	—
		其中　便民服务设施	万 m²	▲	▲	—
	地下总建筑面积		万 m²	▲	▲	—
	绿地率		%	▲	—	—
	集中绿地面积		m²	▲	—	▲
	住宅套（户）数		套	▲	—	—
	住宅套均面积		m²/套	▲	—	—
	居住人数		人	▲	—	—
	住宅建筑密度		%	▲	—	—
	住宅建筑平均层数		层	▲	—	—
	住宅建筑高度控制最大值		m	▲	—	—
	停车位	总停车位	辆	▲	—	—
		其中　地上停车位	辆	▲	—	—
		其中　地下停车位	辆	▲	—	▲
	地面停车位		辆	▲	—	—

注：▲为必列指标。

附录 B 居住区配套设施设置规定

B.0.1 十五分钟生活圈居住区、十分钟生活圈居住区配套设施应符合表 B.0.1 的设置规定。

表 B.0.1 十五分钟生活圈居住区、十分钟生活圈居住区配套设施设置规定

类别	序号	项目	十五分钟生活圈居住区	十分钟生活圈居住区	备注
公共管理和公共服务设施	1	初中	▲	△	应独立占地
	2	小学	—	▲	应独立占地
	3	体育馆（场）或全民健身中心	△	—	可联合建设
	4	大型多功能运动场地	▲	—	宜独立占地
	5	中型多功能运动场地	—	▲	宜独立占地
	6	卫生服务中心（社区医院）	▲	—	宜独立占地
	7	门诊部	▲	—	可联合建设
	8	养老院	▲	—	宜独立占地
	9	老年养护院	▲	—	宜独立占地
	10	文化活动中心（含青少年、老年活动中心）	▲	—	可联合建设
	11	社区服务中心（街道级）	▲	—	可联合建设
	12	街道办事处	▲	—	可联合建设
	13	司法所	▲	—	可联合建设
	14	派出所	△	—	宜独立占地
	15	其他	△	△	可联合建设
商业服务业设施	16	商场	▲	▲	可联合建设
	17	菜市场或生鲜市场	—	▲	可联合建设
	18	健身房	△	△	可联合建设
	19	餐饮设施	▲	▲	可联合建设
	20	银行营业网点	▲	△	可联合建设
	21	电信营业网点	▲	△	可联合建设
	22	邮政营业场所	▲	—	可联合建设
	23	其他	△	△	可联合建设
市政公用建设	24	开闭所	▲	△	可联合建设
	25	燃料供应站	△	△	宜独立占地
	26	燃气调压站	△	△	宜独立占地
	27	供热站或热交换站	△	△	宜独立占地
	28	通信机房	△	△	可联合建设
	29	有线电视基站	△	△	可联合设置
	30	垃圾转运站	△	△	应独立占地
	31	消防站	△	—	宜独立占地
	32	市政燃气服务网点和应急抢修站	△	△	可联合建设
	33	其他	△	△	可联合建设
交通场站	34	轨道交通站点	△	△	可联合建设
	35	公交首末站	△	△	可联合建设
	36	公交车站	▲	▲	宜独立设置
	37	非机动车停车场（库）	△	△	可联合建设
	38	机动车停车场（库）	△	△	可联合建设
	39	其他	△	△	可联合建设

注：1. ▲为应配建的项目；△为根据实际情况按需配建的项目；
2. 在国家确定的一、二类人防重点城市，应按人防有关规定配建防空地下室。

B.0.2 五分钟生活圈居住区配套设施应符合表 B.0.2 的设置规定。

表 B.0.2 五分钟生活圈居住区配套设施设置规定

类别	序号	项目	五分钟生活圈居住区	备注
社区服务设施	1	社区服务站（含居委会、治安联防站、残疾人康复室）	▲	可联合建设
	2	社区食堂	△	可联合建设
	3	文化活动站（含青少年活动站、老年活动站）	▲	可联合建设
	4	小型多功能活动（球类）场地	▲	宜独立占地
	5	室外综合健身场地（含老年户外活动场地）	▲	宜独立占地
	6	幼儿园	▲	宜独立占地
	7	托儿所	△	可联合建设
	8	老年人日间照料中心（托老所）	▲	可联合建设
	9	社区卫生服务站	△	可联合建设
	10	社区商业网点（超市、药店、洗衣店、美发店等）	▲	可联合建设
	11	再生资源回收点	▲	可联合设置
	12	生活垃圾收集站	▲	宜独立设置
	13	公共厕所	▲	可联合建设
	14	公交车站	△	宜独立设置
	15	非机动车停车场（库）	△	可联合建设
	16	机动车停车场（库）	△	可联合建设
	17	其他	△	可联合建设

注：1. ▲为应配建的项目；△为根据实际情况按需配建的项目；
2. 在国家确定的一、二类人防重点城市，应按人防有关规定配建防空地下室。

B.0.3 居住街坊配套设施应符合表 B.0.3 的设置规定。

表 B.0.3 居住街坊配套设施设置规定

类别	序号	项目	居住街坊	备注
便民服务设施	1	物业管理与服务	▲	可联合建设
	2	儿童、老年人活动场地	▲	宜独立占地
	3	室外健身器械	▲	可联合设置
	4	便利店（菜店、日杂等）	▲	可联合建设
	5	邮件和快递送达设施	▲	可联合设置
	6	生活垃圾收集点	▲	宜独立设置
	7	居民非机动车停车场（库）	▲	可联合建设
	8	居民机动车停车场（库）	▲	可联合建设
	9	其他	△	可联合建设

注：1. ▲为应配建的项目；△为根据实际情况按需配建的项目；
2. 在国家确定的一、二类人防重点城市，应按人防有关规定配建防空地下室。

附录 C 居住区配套设施规划建设控制要求

C.0.1 十五分钟生活圈居住区、十分钟生活圈居住区配套设施规划建设应符合表 C.0.1 的规定。

表 C.0.1 十五分钟生活圈居住区、十分钟生活圈居住区配套设施规划建设控制要求

类别	设施名称	单项规模		服务内容	设置要求
		建筑面积（m²）	用地面积（m²）		
公共管理与公共服务设施	初中 *	—	—	满足 12 周岁 ~18 周岁青少年入学要求	（1）选址应避开城市干道交叉口等交通繁忙路段； （2）服务半径不宜大于 1000m； （3）学校规模应根据适龄青少年人口确定，且不宜超过 36 班； （4）鼓励教学区和运动场地相对独立设置，并向社会错时开放运动场地
	小学 *	—	—	满足 6 周岁 ~12 周岁儿童入学要求	（1）选址应避开城市干道交叉口等交通繁忙路段； （2）服务半径不宜大于 500m；学生上下学穿越城市道路时，应有相应的安全措施； （3）学校规模应根据适龄儿童人口确定，且不宜超过 36 班； （4）应设不低于 200m 环形跑道和 60m 直跑道的运动场，并配置符合标准的球类场地； （5）鼓励教学区和运动场地相对独立设置，并向社会错时开放运动场地
	体育场（馆）或全民健身中心	2000~5000	1200~15000	具备多种健身设施、专用于开展体育健身活动的综合体育场（馆）或健身房	（1）服务半径不宜大于 1000m； （2）体育场应设置 60m~100m 直跑道和环形跑道； （3）全民健身中心应具备大空间球类活动、乒乓球、体能训练和体质检测等用房
	大型多功能运动场地	—	3150~5620	多功能运动场地或同等规模的球类场地	（1）宜结合公共绿地等公共活动空间统筹布局； （2）服务半径不宜大于 1000m； （3）宜集中设置篮球、排球、7 人足球场地
	中型多功能运动场地	—	1310~2460	多功能运动场地或同等规模的球类场地	（1）宜结合公共绿地等公共活动空间统筹布局； （2）服务半径不宜大于 500m； （3）宜集中设置篮球、排球、5 人足球场地
	卫生服务中心 *（社区医院）	1700~2000	1420~2860	预防、医疗、保健、康复、健康教育、计生等	（1）一般结合街道办事处所辖区域进行设置，且不宜与菜市场、学校、幼儿园、公共娱乐场所、消防站、垃圾转运站等设施毗邻； （2）服务半径不宜大于 1000m； （3）建筑面积不得低于 1700m²
	门诊部	—	—		（1）宜设置于辖区内位置适中、交通方便的地段； （2）服务半径不宜大于 1000m
	养老院 *	7000~17500	3500~22000	对自理、介助和介护老年人给予生活起居、餐饮服务、医疗保健、文化娱乐等综合服务	（1）宜临近社区卫生服务中心、幼儿园、小学以及公共服务中心； （2）一般规模宜为 200~500 床
	老年养护院 *	3500~17500	1750~22000	对介助和介护老年人给予生活护理、餐饮服务、医疗保健、康复娱乐、心理疏导、临终关怀等服务	（1）宜临近社区卫生服务中心、幼儿园、小学以及公共服务中心； （2）一般中型规模宜为 100~500 床
	文化活动中心 *（含青少年活动中心、老年活动中心）	3000~6000	3000~12000	开展图书阅览、科普知识宣传与教育，影视厅、舞厅、游艺厅、球类、棋类、科技与艺术等活动；宜包括儿童之家服务功能	（1）宜结合或靠近绿地设置； （2）服务半径不宜大于 1000m

（续）

类别	设施名称	单项规模		服务内容	设置要求
		建筑面积（m²）	用地面积（m²）		
公共管理与公共服务设施	社区服务中心（街道级）	700~1500	600~1200	—	（1）一般结合街道办事处所辖区域设置； （2）服务半径不宜大于1000m； （3）建筑面积不得低于700m²
	街道办事处	1000~2000	800~1500	—	（1）一般结合所辖区域设置； （2）服务半径不宜大于1000m
	司法所	80~240	—	法律事务援助、人民调解、服务保释、监外执行人员的社区矫正等	（1）一般结合街道所辖区域设置； （2）宜与街道办事处或其他行政管理单位结合建设，应设置单独出入口
	派出所	1000~1600	1000~2000	—	（1）宜设置于辖区内位置适中、交通方便的地段； （2）2.5~5万人宜设置一处； （3）服务半径不宜大于800m
商业服务业设施	商场	1500~3000	—	—	（1）应集中布局在居住区相对居中的位置； （2）服务半径不宜大于500m
	菜市场或生鲜超市	750~1500 或 2000~2500	—	—	（1）服务半径不宜大于500m； （2）应设置机动车、非机动车停车场
	健身房	600~2000	—	—	服务半径不宜大于1000m
	银行营业网点	—	—	—	宜与商业服务设施结合或临近设置
	电信营业场所	—	—	—	根据专业规划设置
	邮政营业场所	—	—	包括邮政局、邮政支局等邮政设施以及其他快递营业设施	（1）宜与商业服务设施结合或临近设置； （2）服务半径不宜大于1000m
市政公用设施	开闭所 *	200~300	500	—	（1）0.6万套~1.0万套住宅设置1所； （2）用地面积不宜小于500m²
	燃料供应站 *	—	—	—	根据专业规划设置
	燃气调压站 *	50	100~200	—	按每个中低压调压站负荷半径500m设置；无管道燃气地区不设置
	供热站或热交换站 *	—	—	—	根据专业规划设置
	通信机房 *	—	—	—	根据专业规划设置
	有线电视基站 *	—	—	—	根据专业规划设置
	垃圾转运站 *	—	—	—	根据专业规划设置
	消防站 *	—	—	—	根据专业规划设置
	市政燃气服务网点和应急抢修站 *	—	—	—	根据专业规划设置
交通场站	轨道交通站点 *	—	—	—	服务半径不宜大于800m
	公交首末站 *	—	—	—	根据专业规划设置
	公交车站	—	—	—	服务半径不宜大于500m
	非机动车停车场（库）	—	—	—	（1）宜就近设置在非机动车（含共享单车）与公共交通换乘接驳地区； （2）宜设置在轨道交通站点周边非机动车车程15min范围内的居住街坊出入口处，停车面积不宜小于30m²
	机动车停车场（库）	—	—	—	根据所在地城市规划有关规定配置

注：1. 加 * 的配套设施，其建筑面积与用地面积规模应满足国家相关规划及标准规范的有关规定；
2. 小学和初中可合并设置九年一贯制学校，初中和高中可合并设置完全中学；
3. 承担应急避难功能的配套设施，应满足国家有关应急避难场所的规定。

C.0.2　五分钟生活圈居住区配套设施规划建设应符合表 C.0.2 的规定。

表 C.0.2　五分钟生活圈居住区配套设施规划建设要求

设施名称	单项规模		服务内容	设置要求
	建筑面积（m²）	用地面积（m²）		
社区服务站	600~1000	500~800	社区服务站含社区服务大厅、警务室、社区居委会办公室、居民活动用房，活动室、阅览室、残疾人康复室	（1）服务半径不宜大于300m； （2）建筑面积不得低于600m²
社区食堂	—	—	为社区居民尤其是老年人提供助餐服务	宜结合社区服务站、文化活动站等设置
文化活动站	250~1200	—	书报阅览、书画、文娱、健身、音乐欣赏、茶座等，可供青少年和老年人活动的场所	（1）宜结合或靠近公共绿地设置； （2）服务半径不宜大于500m
小型多功能运动（球类）场地	—	770~1310	小型多功能运动场地或同等规模的球类场地	（1）服务半径不宜大于300m； （2）用地面积不得大于800m²； （3）宜配置半场篮球场1个、门球场地1个、乒乓球场地2个； （4）门球活动场地应提供休憩服务和安全防护措施
室外综合健身场地（含老年户外活动场地）	—	150~750	健身场所，含广场舞场地	（1）服务半径不宜大于300m； （2）用地面积不宜小于150m²； （3）老年人户外活动场地应设置休憩设施，附近宜设置公共厕所； （4）广场舞等活动场地的设置应避免噪声扰民
幼儿园*	3150~4550	5240~7580	保教3~6周岁的学龄前儿童	（1）应设于阳光充足、接近公共绿地、便于家长接送的地段；其生活用房应满足冬至日底层满窗日照不少于3h的日照标准；宜设置于可遮挡冬季寒风的建筑物背风面； （2）服务半径不宜大于300m； （3）幼儿园规模应根据适龄儿童人口确定，办园规模不宜超过12班，每班座位数宜为20~35座；建筑层数不宜超过3层； （4）活动场地应有不少于1/2的活动面积在标准的建筑日照阴影线之外
托儿所	—	—	服务0~3周岁的婴幼儿	（1）应设于阳光充足、便于家长接送的地段；其生活用房应满足冬至日底层满窗日照不少于3h的日照标准；宜设置于可遮挡冬季寒风的建筑物背风面； （2）服务半径不宜大于300m； （3）托儿所规模应根据适龄儿童人口确定； （4）活动场地应有不少于1/2的活动面积在标准的建筑日照阴影线之外

（续）

设施名称	单项规模		服务内容	设置要求
	建筑面积（m²）	用地面积（m²）		
老年人日间照料中心 *（托老所）	350~750	—	老年人日托服务，包括餐饮、文娱、健身、医疗保健等	服务半径不宜大于 300m
社区卫生服务站 *	120~270	—	预防、医疗、计生等服务	（1）在人口较多、服务半径较大、社区卫生服务中心难以覆盖的社区，宜设置社区卫生服务站加以补充； （2）服务半径不宜大于 300m； （3）建筑面积不得低于 120m²； （4）社区卫生服务站应安排在建筑首层并应有专用出入口
小超市	—	—	居民日常生活用品销售	服务半径不宜大于 300m
再生资源回收点 *	—	6~10	居民可再生物资回收	（1）1000~3000 人设置 1 处； （2）用地面积不宜小于 6m²，其选址应满足卫生、防疫及居住环境等要求
生活垃圾收集站 *	—	120~200	居民生活垃圾收集	（1）居住人口规模大于 5000 人的居住区及规模较大的商业综合体可单独设置收集站； （2）采用人力收集的，服务半径宜为 400m，最大不宜超过 1km；采用小型机动车收集的，服务半径不宜超过 2km
公共厕所 *	30~80	60~120	—	（1）宜设置于人流集中处； （2）宜结合配套设施及室外综合健身场地（含老年户外活动场地）设置
非机动车停车场（库）	—	—	—	（1）宜就近设置在自行车（含共享单车）与公共交通换乘接驳地区； （2）宜设置在轨道交通站点周边非机动车车程 15min 范围内的居住街坊出入口处，停车面积不应小于 30m²
机动车停车场（库）	—	—	—	根据所在地城市规划有关规定配置

注：1. 加 * 的配套设施，其建筑面积与用地面积规模应满足国家相关规划和建设标准的有关规定；
　　2. 承担应急避难功能的配套设施，应满足国家有关应急避难场所的规定。

C.0.3 **居住街坊配套设施规划建设应符合表 C.0.3 的规定。**

表 C.0.3 居住街坊配套设施规划建设控制要求

设施名称	单项规模		服务内容	设置要求
	建筑面积（m^2）	用地面积（m^2）		
物业管理与服务	—	—	物业管理服务	宜按照不低于物业总建筑面积的 2% 配置物业管理用房
儿童、老年人活动场地	—	170~450	儿童活动及老年人休憩设施	（1）宜结合集中绿地设置，并宜设置休憩设施； （2）用地面积不应小于 170m^2
室外健身器械	—	—	器械健身和其他简单运动设施	（1）宜结合绿地设置； （2）宜在居住街坊范围内设置
便利店	50~100	—	居民日常生活用品销售	1000~3000 人设置 1 处
邮件和快件送达设施	—	—	智能快件箱、智能信包箱等可接收邮件和快件的设施或场所	应结合物业管理设施或在居住街坊内设置
生活垃圾收集点 *	—	—	居民生活垃圾投放	（1）服务半径不应大于 70m，生活垃圾收集点应采用分类收集，宜采用的密闭方式； （2）生活垃圾收集点可采用放置垃圾容器或建造垃圾容器间方式； （3）采用混合收集垃圾容器间时，建筑面积不宜小于 5m^2； （4）采用分类收集垃圾容器间时，建筑面积不宜小于 10m^2
非机动车停车场（库）	—	—	—	宜设置于居住街坊出入口附近，并按照每套住宅配建 1 辆 ~2 辆配置；停车场面积按照 0.8m^2/辆 ~1.2m^2/辆配置，停车库面积按照 1.5m^2/辆 ~1.8m^2/辆配置；电动自行车较多的城市，新建居住街坊宜集中设置电动自行车停车场，并宜配置充电控制设施
机动车停车场（库）	—	—	—	根据所在地城市规划有关规定配置，服务半径不宜大于 150m

注：加 * 的配套设施，其建筑面积与用地面积规模应满足国家相关规划标准有关规定。